国家自然科学基金项目（40671061）
国家社科基金项目（04BSH027）　　　　资　助
中国博士后基金项目（050380385）

当代城市规划著作大系

宜居城市评价与规划理论方法研究

董晓峰　杨保军　刘理臣　高　峰　著

中国建筑工业出版社

图书在版编目（CIP）数据

宜居城市评价与规划理论方法研究/董晓峰等著. —北京：中国建筑工业出版社，2010
（当代城市规划著作大系）
ISBN 978-7-112-12033-8

Ⅰ. 宜… Ⅱ. 董… Ⅲ. ①城市环境：居住环境－环境质量－评价－研究②城市环境：居住环境－环境规划－研究 Ⅳ. X21 X32

中国版本图书馆 CIP 数据核字（2010）第 067778 号

"宜居"原本是建城的根本，然而较长时间以来，宜居已是城市丢失的梦。今天，宜居城市的研究，是对工业化异化了的城市方向的回归和人性化城市重建的倡导。

本书是国家自然科学基金支持的城市宜居性研究项目的阶段性成果。在较系统的国际宜居城市研究与实践进展分析的基础上，探索构建了我国宜居城市的构成系统、评价方法系统、建设模式与规划研究方法。

全书共分三部分，包括国际、国内宜居城市研究进展，宜居城市评价方法与实践，宜居城市规划建设模式与规划研究主要理论方法。

本书是关于宜居城市的专业性研究论著，是城市规划设计专业的前沿向导，是人们选择最佳居住地的助手，是新时代城市规划建设管理者必读的著作。读者可以从中全面认识什么是最佳城市，如何评价、规划与建设宜居城市。

* * *

责任编辑：黄 翊 黄居正
责任设计：董建平
责任校对：刘 钰

当代城市规划著作大系
宜居城市评价与规划理论方法研究
董晓峰 杨保军 刘理臣 高 峰 著

*

中国建筑工业出版社出版、发行（北京西郊百万庄）
各地新华书店、建筑书店经销
北京嘉泰利德公司制版
北京云浩印刷有限责任公司印刷

*

开本：850×1168 毫米 1/16 印张：14 字数：350 千字
2010 年 6 月第一版 2010 年 6 月第一次印刷
定价：**39.00 元**
ISBN 978-7-112-12033-8
（19278）

版权所有 翻印必究
如有印装质量问题，可寄本社退换
（邮政编码 100037）

出版前言

城市化进程的加快和城市经济的高速发展，是当代中国城市两个最鲜明的特征。城市发展问题也越来越受到社会各界的重视。在当今这个快速发展的特定时期，许多城市都面临着前所未有的机遇，也都有着强劲的发展动力。如何应对这些机遇，如何实现科学规划、协调发展，无疑是摆在每一位城市规划、建设、管理工作者面前需要认真研究和探索的重大课题。

中国建筑工业出版社是建设部直属的中央一级专业科技出版社。50多年来，我社一直肩负着整理、保护、弘扬中华民族优秀的建筑文化，促进中国建筑业科技进步，宣传中国建设成就的历史使命，为我国广大建设工作者奉献了大量优秀的建筑精品图书。

近年来，在城市规划领域，我社集中出版了一大批学术著作，为总结城市规划实践经验，推介城市规划研究成果，促进城市规划学术交流，作出了重要的贡献。

为更好地服务读者，服务行业，我社通过对图书选题的细致研究和对作者的认真筛选，精心策划了这套"当代城市规划著作大系"。

之所以命名为"当代城市规划著作大系"，一方面是因为这套书的内容十分丰富，囊括了城市规划研究中的众多领域，涉及经济学、社会学、管理学等多个学科，力求用多学科、多视角的方法来指引当代城市规划实践，充分体现城市规划实践内容与研究领域不断丰富与延展的特点，实践性与综合性并重的学科特征；另一方面是因为这套书的作者涵盖面非常广，既有业界著名的专家学者，也有行业内崭露头角的中青年学者，完全反映了我社既重视知名专家学者又关注中青年学者，不拘一格遴选作者的出版方针。

在如今这个大变迁的时代，"当代城市规划著作大系"中每本著作的作者，都是在不断实践、不断探索、不断提高的基础上，怀着一种不拘泥、不盲从、不妄断、不迷信的真正的科学态度，凭借着自身不寻常的智慧、勇气和毅力，孜孜不倦，笔耕不辍，才最终完成这一部部的心血之作。寄望于这套"当代城市规划著作大系"，能够进一步丰富当代城市规划理论研究，能够更好地指引当代中国城市规划实践，能够为更多的读者所喜爱。如此，才无憾于作者漫漫长灯下的孤诣与苦心。

中国建筑工业出版社

2010年4月10日

目　　录

导　言 ·· 1

1　宜居城市研究与实践进展 ··· 9
1.1　国外宜居城市研究的阶段划分 ··· 11
　　1.1.1　萌芽期探索 ·· 12
　　1.1.2　雏形期探索 ·· 15
　　1.1.3　发展期探索 ·· 17
1.2　国内宜居城市研究与实践进展分析 ·· 21
　　1.2.1　宜居城市研究的兴起 ·· 21
　　1.2.2　人居环境奖对我国宜居城市建设的促进 ·· 23
　　1.2.3　中国宜居城市规划研究初步探索 ··· 25
1.3　宜居城市的基本内涵和本质特征 ··· 25
　　1.3.1　国内关于宜居城市内涵的认识 ··· 25
　　1.3.2　国外关于宜居城市内涵认识的基本观点 ·· 26
　　1.3.3　对宜居城市内涵的整体认识 ··· 30

2　宜居城市构成系统与评价指标体系构建 ··· 35
2.1　宜居城市构成系统构建 ··· 37
　　2.1.1　宜居城市系统分析 ··· 37
　　2.1.2　宜居城市构成系统确立 ··· 46
2.2　宜居城市评价的指标体系构建 ·· 49
　　2.2.1　宜居城市评价指标体系确立原则 ··· 49
　　2.2.2　宜居城市指标体系确立方法 ··· 50
　　2.2.3　宜居城市评价指标权重确定 ··· 53
2.3　宜居城市评价的主要技术方法 ·· 55
　　2.3.1　层次分析法 ·· 55
　　2.3.2　主成分分析法 ··· 56
　　2.3.3　预警分析法 ·· 57
　　2.3.4　空间分析技术方法 ··· 58
　　2.3.5　生态位方法 ·· 59
　　2.3.6　价值评价方法 ··· 59
　　2.3.7　数据包络分析模型 ··· 60

3 我国宜居城市评价探索 … 63
3.1 我国城市整体宜居性比较评价 … 65
3.1.1 我国城市宜居性评价研究比较分析 … 65
3.1.2 基于客观指标的国内城市宜居性评价分析 … 67
3.1.3 我国城市宜居性的特性分析 … 74
3.2 基于主成分分析的山东半岛城市宜居性比较评价 … 76
3.2.1 山东半岛城市群概况与人居环境分析 … 76
3.2.2 山东半岛城市群宜居性主成分分析评价 … 77
3.2.3 山东半岛城市群城市宜居性提升面临的挑战与对策 … 81
3.3 兰州市城市宜居性现状公众满意度调查评价 … 84
3.3.1 兰州市城市宜居性现状调查 … 84
3.3.2 调查数据库建立与数据处理 … 85
3.3.3 兰州市城市宜居性分析 … 87
3.3.4 调查总结 … 95

4 国外宜居城市建设经验 … 99
4.1 国外城市宜居性评价 … 101
4.1.1 《经济学家》全球城市宜居性评价分析 … 101
4.1.2 《财富》杂志美国宜居城市评选评析 … 102
4.2 国外宜居城市建设典型案例分析 … 104
4.2.1 欧洲宜居城市建设 … 104
4.2.2 北美洲宜居城市建设 … 112
4.2.3 亚太宜居城市建设 … 118

5 国内城市宜居性建设典型案例分析 … 123
5.1 环渤海地区 … 125
5.1.1 大连 … 125
5.1.2 秦皇岛 … 126
5.1.3 天津 … 127
5.1.4 廊坊 … 129
5.2 山东半岛 … 131
5.2.1 青岛 … 131
5.2.2 威海 … 132
5.3 长三角地区 … 134
5.3.1 苏州 … 134
5.3.2 扬州 … 135
5.3.3 宁波 … 137
5.4 珠三角地区 … 138

        5.4.1 珠海 ………………………………………………………………………… 138
        5.4.2 中山 ………………………………………………………………………… 140
        5.4.3 香港 ………………………………………………………………………… 142
    5.5 西部地区 ……………………………………………………………………………… 143
        5.5.1 桂林 ………………………………………………………………………… 143
        5.5.2 大理 ………………………………………………………………………… 145
        5.5.3 成都 ………………………………………………………………………… 146
        5.5.4 天水 ………………………………………………………………………… 148
        5.5.5 石河子 ……………………………………………………………………… 149

6 宜居城市规划与建设模式 ………………………………………………………………… 155
6.1 典型宜居城市规划与行动引介 ……………………………………………………… 157
    6.1.1 温哥华区域宜居性规划与实施 ………………………………………………… 157
    6.1.2 主张宜居社区的新城市主义 …………………………………………………… 159
    6.1.3 让城市更加宜人的"精明增长"运动 ………………………………………… 160
    6.1.4 宜居城市运动：都市村庄 ……………………………………………………… 161
    6.1.5 公共空间和公众生活规划研究 ………………………………………………… 161
    6.1.6 东京友好居住规划 ……………………………………………………………… 162
    6.1.7 通往宜居城市之路：宜居城市的交通规划 …………………………………… 163
    6.1.8 创建宜居城市环境的"21世纪田园城市" …………………………………… 164
    6.1.9 北京新版总体规划中宜居城市理念 …………………………………………… 164
    6.1.10 中新天津生态城规划 ………………………………………………………… 168
6.2 宜居城市规划建设的主要模式 ……………………………………………………… 169
    6.2.1 安全城市 ………………………………………………………………………… 170
    6.2.2 生态城市 ………………………………………………………………………… 172
    6.2.3 便捷城市 ………………………………………………………………………… 172
    6.2.4 职能城市 ………………………………………………………………………… 173
    6.2.5 文化城市 ………………………………………………………………………… 173
    6.2.6 网络城市 ………………………………………………………………………… 175
    6.2.7 包容城市 ………………………………………………………………………… 176
    6.2.8 创新城市 ………………………………………………………………………… 177
    6.2.9 特色城市 ………………………………………………………………………… 178

7 宜居城市规划研究主要理论与方法 …………………………………………………… 181
7.1 生态城市规划 ………………………………………………………………………… 183
    7.1.1 从城市生态规划向生态城市规划的跨越 ……………………………………… 183
    7.1.2 生态城市规划系统 ……………………………………………………………… 184
    7.1.3 面向新挑战的生态城市规划新探索 …………………………………………… 187

7.2 城市社会规划···188
　7.2.1 城市社会规划的发展···188
　7.2.2 城市社会规划的内涵与作用··189
　7.2.3 中国城市社会规划构建体系··190
7.3 突出宜居性的城市设计··191
　7.3.1 城市整体景观与特色设计··191
　7.3.2 居住区设计··192
　7.3.3 综合枢纽联系设计···193
　7.3.4 宜人性城市开放空间设计··193
7.4 宜居城市规划与管理服务信息技术方法·······································195
　7.4.1 规划设计管理专业信息系统··195
　7.4.2 城市民用信息服务系统··196
　7.4.3 社区关怀与平等服务信息系统···197
　7.4.4 城市安全监控信息系统··198

附件 I　城市宜居性评价专家咨询表···203

附件 II　杨保军答记者王军问··209

致　谢··214

导言

早期的城市，在传说和文献记载中，是文明的象征，是人间的伊甸园，是人们向往之地。宜居思想的渊源，在我国可追溯到先秦，在西方则源于古希腊时代。

然而，从何时开始，城市天空的光环日渐暗淡，不再闪烁；又是从哪天起，城市似乎意味着拥挤、污染、冷漠、贫富悬殊，甚至与贫民窟、不安全和失落情绪紧密联系在了一起。

较早时期的城市社会不文明的因素很多，诸如整体水平比较落后，频繁的战争、政治的黑暗、绝对的不公平和瘟疫多发等。但是，当时的不理想主要在于自然灾害、服务设施不足与社会落后等方面。工业化以前的城市基本属于农业文明时期的规模不大的城市，没有现代机械化交通设施，城市的空间结构与规模在整体上与人的能力和活动范围较为匹配，也没有大型的机械对人类家园资源环境的肆意掠夺开发与破坏。

工业革命以来是城市化大发展的时期，也是城市超越人的居住生活性质的时期。虽然有了面对挑战的城市规划等新学科的诞生，但疯狂的城市扩张、对环境的破坏、超越人的现代化等问题并没有得到妥善解决。所以，"不宜人"的问题与斗争，就一直在徘徊中演进，直到21世纪，"宜居"终于成为城市规划建设和人类发展的核心目标。

1. 渐进的宜居城市研究

尽管现代城市规划早在19世纪末就已诞生，二战后城市规划的新理论也层出不穷，但经济职能在较长的时期内一直占据着城市的重心，对城市宜人性的重视和应对还远远不够。随着城市数量和规模的不断扩大，城市环境与发展面临的挑战越来越多，宜居问题也越来越突出，于是建设宜居城市的思想理论才得以逐步发展起来。

总体来说，宜居城市研究的历程可分为如下三个阶段：

宜居城市的研究始于19世纪末工业革命兴起时期。随着城市环境问题不断涌现，社会矛盾日益尖锐，社会改良思想开始萌芽，新的城市社会理想由此产生。1898年霍华德提出的"田园城市"（Garden Cities of To-morrow）是其典型代表，也是宜居城市理想的滥觞。

二战后，宜居城市研究进入新阶段，不仅"宜居城市"的概念被正式提出，还于1954年出现了以倡导人类聚居学的希腊学者道萨迪亚斯（C. A. Doxiadis）为代表的研究宜居的学术团队。20世纪60年代，美国的简·雅各布斯出版专著《美国大城市的死与生》，呼吁创建更适宜人类居住的城市；1963年，世界人居环境学会（World Society of Ekistics）成立；1976年，联合国于温哥华召开首次人类住区大会（Habitat I），在内罗毕成立了"联合国人居中心"（UNCHS），在世界范围内推动了广泛的人居环境的研究与建设。

20世纪80年代后期可持续发展共识的形成促进了宜居城市理论的全面发展，尤其是我国有了"人居环境科学"等规划设计学科理论的出现，标志着"宜居性"成为规划建设理论的主流方向。而1996年6月13日~14日在伊斯坦布尔召开的第二届联合国人居大会的《人居议程》更使宜居成为人类住区建设的纲领，从而迎来了全球"宜居城市"建设的新世纪。

在国际上，《人居议程》是国际人居环境与宜居城市思想迈向系统化的里程碑。它将人类栖息地的改善当作联合国新时期的关键使命而达成一系列共同原则与目标，建立了各国政策的国际标准和方针，设立了一种政府承诺并向联合国进行常规汇报的动态机制，提高了"联合国人居环境奖"和"改善居住环境最佳范例奖"的地位，让建设宜居城市成为全球城市发展的共同理想。人居的共识与实践行动，既是全球城市规划相关学科发展的重要成果，也促进了城市相关学科向更高更新水平的迈进。

在理论上，20世纪中期以来，聚落地理学、城市地理学、城市社会学、城市规划、环境规划等相关学科发展较快，城市区域规划、景观设计、环境规划、社区研究等方向蓬勃发展；在方法论上，突出了参与式规划设计、参与式评估，其中希腊著名规划师道萨迪亚斯于20世纪60年代提出的"人类聚居学"学术思想在全球影响较大。近年来，国外关于宜居城市建设与规划的理论研究十分活跃，生态城市、文化城市、新城市主义、新田园城市（Garden Cities in 21 Century）等规划理论的影响越来越大，英国的《经济学家》咨询集团智库信息部（Economist Intelligence Unit，EIU）关于世界宜居城市的调查评估也备受全球关注。

在我国，20世纪90年代以来，随着改革开放的推进和城市化水平的提高，城市规划设计的理论与实践进入了全新阶段。1991年6月8日，联合国人居环境中心北京信息办公室成立，国内部分城市参加了联合国人居环境最佳范例评比并获奖。2001年，建设部设立了"中国人居环境奖"和"中国人居环境范例奖"，使我国城市发展与国际接轨，珠海、大连、中山、厦门、青岛、威海等获奖城市成为中国城市的明星和典范，被公众誉为国内最适宜居住的城市，提升了人们的宜居意识。

在宜居城市理论上，地理学，尤其是城市地理、经济地理、区域规划与生态学等学科方向，较长时间以来为宜居性科学原则的建立作出了贡献。1993年8月，吴良镛院士等专家正式倡导"人居环境科学"，强调组建规划设计科学群，多学科共研、共建城市，推动了人居环境科学的发展和宜居城市的探讨。

2. 21世纪城市宜居性在全球得到高度重视

2001年联合国在人居中心的基础上成立了人居环境署，发布了以城市宜居性为主题的《全球化世界中的城市：全球人类住区报告2001》，强调宜居性城市就是居民能获得工资，足以维持生活的地方；为居民提供基本的公共设施，包括安全用水、适当的卫生设施和交通工具；其居民可以获得受教育的机会并可享用医疗保健设施、可负担得起住房和有保障的租地使用权；他们居住在安全的环境洁净的社区中；宜居性使城市远离歧视，并通过包容性民主实践进行管理，标志着全球人居环境和宜居城市建设进入了新阶段。

在另一个层面上，最宜居城市便等于最好的城市，美国《Money》杂志一年一度的"best place"（最好的地方）的评选结果，往往也是该国人们最青睐的城镇。所以，宜居城市既是城市居民最基本的期望，也是最高的期望。但是宜居城市建设在不同国家和地区、不同的城市、不同的时期，其目标和任务也有所不同。

在国外，城市安全成为宜居的核心。特别是"9·11"事件、伦敦爆炸案、"非典"的爆发、印度洋海啸对东南亚沿海城市的袭击、巴黎骚乱、卡特里娜飓风对新奥尔良市的毁灭性打击等城市安全事件的频繁出现，使安全成为宜居城市的首要条件。宜居性保障建设——安全、健康、繁荣与和谐成为宜居城市建设的基本目标和任务。

宜居问题关系市民的生存与发展，世界各国均在探索适宜的评判标准和解决问题的途径。欠发达国家在联合国的积极帮助下，正致力于消除贫民窟，改善居住、生活与工作条件。

我们在系统的梳理中发现，不仅在发展中国家，就是西方国家城市规划新理论的发展也不约而同地集中到了如何使城市更加宜居的方向上。

发展中国家，尤其是我国，已取得了一定的经济发展成就，民生与福利等宜居要素的建设已被确定为发展重点。大家认识到，宜居问题既是社会"再生产"、可持续进步的基石和国民素质提高的关键，也是国际社会评判一个国家发展水平的核心指标，宜居建设不仅是民意和社会目标、焦点和凝聚力的结合，也是执政能力与管理水平的重要体现。

3. 宜居性建设成为我国城市发展的新任务，关系到我国城市规划建设的正确方向

在我国，新闻媒体与市民对于宜居城市评价分析的关注已经超过了政府机构与专业科研设计机构。关于宜居城市系统深入的研究亟待加强。建立更科学的评价方法系统有利于这一信息渠道的良好发展，起到客观反映市民意愿和实现公众参与规划管理的目的。

我国城市宜居性发展与经济发展密切相关，区域性特征突出。我国由于正处于城市化快速发展时期，城市扩张势头强劲，存在一定的盲目冒进性，因而城市宜居性面临较大挑战。

从全球来看，城市宜居性与城市规模关系密切，为了有更好的宜居生活条件才有了从"卫星城"到"新城"的兴起，而其发展结果就是大城市化或都市圈。而欧美、日韩和欠发达国家的都市发展模式则截然不同，整体宜居性差异较大，都市圈的空间结构更是不同宜居质量空间的组合。那么，大城市化的发展方向是不宜居吗？城市福利型乡村最宜居吗？资源型与工业城市注定不宜居吗？

根据我们的调查研究，答案也未必完全如此。这是因为宜居性与经济繁荣和就业密不可分，尤其在发展中国家，大多数人把找到一份好工作的发展机遇看作为宜居的首要条件。追求"繁荣"需要发挥城市聚集效应，追求"舒适"需要城市分散，为了城市有效经营必须遵守城市经济学原理——分散与聚集适宜，还要突出区域环境管治，保护好自然与文化遗产空间等。

在我国，城市宜居性发展与区域城市整体发展分不开，除了唐山灾后重建等特殊情况外，最早获得联合国最佳人居环境范例奖的是中山市和珠海市，故有"1990年代宜居城市看珠三角地区"的说法，但其文化问题和城市秩序至今仍是软肋。世纪之交，环渤海地区城市的宜居性开始让人刮目相看，大连、威海、青岛、烟台备受青睐。这同样是经济快速发展，自然条件好，环境建设力度大的结果。中原地区的发展优势使其成为中华文明的摇篮，西部大开发则极大促进了西部城市宜居性的提高。城市宜居性持续发展者当属长三角地区，苏杭美名已久，无不体现出悠久的文化渊源、优越的环境条件和较高的规划管理水平的综合。

宜居城市以建设"宜人的住区"为核心，指明了我国城市规划设计科学发展的一个方向。2005年国务院批准的《北京城市总体规划（2004—2020年）》，将"宜居城市"确立为发展目标之一，开启了我国城市宜居性规划的新时代。

近年来我国城市化取得了长足进展，但在整体上发展尚为粗放式。陆大道院士等专家

在《关于我国大规模城市化和区域发展问题的认识和建议》及《采取综合措施遏制冒进式城镇化和空间失控趋势》中，强烈呼吁遏制和矫正当前不健康、不正常的城市发展态势。

当前，中国的城市宜居性建设存在不少挑战。一方面，不少城市房价高，交通不便捷，就医难，存在安全隐患，缺乏特色，设计不合理；另一方面，不少城市大搞不切实际的工程，盲目攀比（比如大力开发高新区、别墅区），资源浪费严重，不少规划设计崇洋媚外，照搬他国异地的建筑风格，缺乏基本文化内涵和创新思想。中国宜居城市建设之路任重而道远。

4. 宜居城市规划的性质与重点

宜居一向是城市发展与规划的重要内容，宜居城市理论方法是一个继承与发展的过程，也是一个总结实践经验和认识城市居民新要求的过程。学习借鉴国外先进理念与实践经验是本研究的基础。而认识我国城市的发展规律、现状特征、存在问题与居民需求，是构建我国宜居城市理论的关键。

我们认为宜居城市规划是突出宜居性的城市规划，它应贯穿于城市规划的各个方面，也有必要进行宜居城市专项规划研究。宜居城市规划研究有必要突出以下重点：①扩展和重视城市规划新环节，比如提高城市安全规划的标准等；②将生态环境规划放在首位，加大承载力的研究；③重视社会规划，改善规划途径；④加强公共政策和管理系统规划；⑤增加城市文化规划与设施的落实；⑥加强城市规划监督；⑦重视休闲游憩规划；⑧加强社区研究与大居住区规划；⑨在基础设施规划中，要满足便捷、安全、系统化和人性化的基本要求；⑩注重区域间的协调；⑪加强信息技术应用。

5. 本书主要研究内容与结论

本书在较系统的国际宜居城市研究与实践进展分析的基础上，探索构建了我国宜居城市的构成系统、评价方法系统、建设模式与规划研究方法。

全书共分三部分，包括国际、国内宜居城市研究进展，宜居城市评价方法与实践，宜居城市规划建设模式与研究方法，其中包含了国内外典型宜居城市的案例分析。主要内容与创新特点如下：

（1）宜居城市研究与实践进展分析。比较系统地回顾和分析了国内外宜居城市研究的进展，尤其是通过对国外英文原文资料的研究，提出将宜居城市发展划分为三个基本阶段的观点——萌芽期、雏形期和发展期。通过对宜居城市多种观点的比较分析，紧紧围绕城市宜居性的本质，从出发点、重要性、方法论三个方面总结了宜居城市的本质特性；从市民的城市、系统的城市、多样化的城市、发展的城市四个方面阐述了宜居城市的基本特征，提出了宜居城市的六个基本准则。

（2）宜居城市构成系统与评价指标体系构建。在综合分析国内、国外宜居城市评价方法和典型宜居城市实践的基础上，以人的需求为出发点，结合我国文化特点，将实体评价与满意度评价相结合，突出可持续性，强调与国际接轨，采用专家意见法和文献分析法等方法，构建了宜居城市要素构成系统——安全性、舒适性、幸福性、便捷性和发展性五个子系统。在此基础上，以科学性、系统性、针对性、可操作性与可比性为原则，确立了宜居城市主客观评价指标体系，归纳了宜居城市评价的主要技术方法。

（3）我国宜居城市评价实践。根据实际情况，应用所建城市宜居性评价指标体系，分别针对我国数据较为完备的省会城市、山东半岛城市、兰州市等不同尺度的城市宜居性以不同的方法进行了实证研究。对我国宜居城市的进一步研究和规划建设具有重要的参考价值和指导意义。

（4）国外典型宜居城市经验介绍与评析。在国外，人们更加青睐宜居的中小城镇，这些城市以生态优化为突破口，追求优美的居住环境、个性特色和便利的公共基础设施，注重软环境建设。但国际上，城市的宜居性建设面临着地区发展极不平衡、安全问题突出、城市包容性有待发展等挑战。

（5）国内城市宜居性建设典型案例分析。分别对我国17个宜居性建设突出的城市进行了典型案例分析。总结了我国当前宜居城市建设的基本特点：城市宜居性受到高度重视，宜居城市建设实践尚处探索之中，更强调硬件设施建设，宜居性研究与规划设计研究有待全面发展。

（6）宜居城市规划建设的主要模式分析与总结。分析介绍了国际宜居城市典型规划与行动方略。尤其是加拿大温哥华区域宜居性规划、美国的新城市主义、"精明增长"运动、宜居城市的交通规划、创建宜居城市环境的"21世纪田园城市"规划倡议英国的都市村庄、公共空间和公众生活规划研究、日本东京友好居住规划、突出宜居性建设的我国北京新一版城市总体规划。概括了宜居城市规划建设的基本模式——安全城市、生态城市、网络城市、集约城市、创新城市与特色城市等。

（7）宜居城市规划研究主要理论方法。以实现宜居性为目标，强调了几方面主要理论方法：城市生态规划、城市社会规划、突出宜居性的城市设计、宜居城市规划管理与信息服务技术方法。

"宜居"原本是建城的根本，然而较长时间以来，宜居已是城市丢失的梦。今天，宜居城市的研究，是对被工业化异化了的城市方向的回归和重建人性化城市的倡导。

本书是关于宜居城市的专业性研究论著，是城市规划设计专业的前沿向导，是人们选择最佳居住地的助手，是新时代城市规划建设管理者必读的著作。读者从中可以全面认识什么是最佳城市，如何评价、规划与建设宜居城市。

1

宜居城市研究与实践进展

1.1 国外宜居城市研究的阶段划分

在国外,关于宜居城市的思想渊源最早可以追溯到西方古典文化的先驱与欧洲文明的摇篮地——古希腊。在古希腊文明中,人本主义思想和公正平等的政体意念占有重要地位。在这种思想和意念的支配下,古希腊人对城市的定义是:城市是一个为着自身美好生活而保持很小规模的社区,社区的规模和范围应当使其中的居民既有节制而又能自由自在地享受轻松的生活。古希腊的许多思想家——苏格拉底、柏拉图、亚里士多德等,为了使城市人在城市生活得更好,不断探求他们心目中理想的国家和城市形态。苏格拉底认为,就人生幸福而言,没有什么比城邦和城市生活的自然发展更好;亚里士多德则提倡城市中的财产应私有公用,公民应轮流执政并必须实行法治,城邦规模适中等。所有这些都反映出了古希腊人对城市美好生活的向往与追求,也是西方文明中对城市宜居性最早的探索。

人类聚居学倡导者道萨迪亚斯在寻求人类聚居学之源时,也把古希腊的伟人们尊奉为这个学科的创始人。他认为,有关聚居规则,可以说是由三个人制定的:第一人是哲学家罗泰格勒斯(Protagoras),他提出"人是衡量一切事物的标准"的观点,从而导出在评价聚居中采取的行动和决策的最好标准;第二个人是希波丹姆,他首创了城市分区,发现了规划和组织,从其规划的米利都城中可以很清楚地看到这点;第三个人是亚里士多德,他提出"建设城市的最终目的是要使居民们在其中幸福地生活",为人类聚居学制定了终极目标。[1]

通过系统的梳理和分析,我们认为,现代宜居城市的探索始于19世纪末。综观其发展历程,我们提出宜居城市研究进展可分为三个阶段:萌芽期、雏形期和发展期(表1-1)。也就是说,现代宜居城市探索已有100多年的历史,经历了关注宜居的萌芽期和明确提出宜居城市理念的雏形期,现在正步入宜居成为城市发展方向共识的发展期的新阶段。[2]

国际宜居城市研究探索的基本阶段划分与代表性思想　　　表1-1

发展分期	时代背景	特 征	人物与时间	理论或论著
萌芽期	19世纪末至20世纪初,工业革命时期,城市化加速期,城市矛盾与问题加剧	针对城市空间发展模式,理想城市的渴望与梦想诞生,出现现代城市规划设计经典思想	1898年 霍华德	田园城市
			1915年 格迪斯	城市规划以自然地区为基础
			1917年11月 俄国十月革命	世界上第一个社会主义国家宣告诞生,颁布《和平法令》和《土地法令》等
			1925年 勒·柯布西耶	集中城市
			1925年 E·W·伯吉斯	芝加哥学派、城市社会学、城市生态空间
			1929年 C·A·佩里	邻里单位
			1933年 国际现代建筑协会(CIAM)	雅典宪章
			1935年 赖特	广亩城市
			1938年 芒福德	区域城市、自然观
			1942年 沙里宁	有机疏散理论
			1943年 马斯洛	需求层次理论

续表

发展分期	时代背景	特征	人物与时间	理论或论著
雏形期	二战后至20世纪80年代中期，面对资源环境挑战和发展极限困惑，工业化城市重建，联合国发展，两大阵营竞争，世界新秩序发展	以人的需求为核心，针对问题，探索求解，提出综合观点，尝试实践	二战后 大卫·史密斯（David L. Smith）	《宜人与城市规划》
			1954年 道萨迪亚斯	人类聚居学
			1961年 雅各布斯	《美国大城市的死与生》
			1961年 世界卫生组织（WHO）	满足人类基本生活要求的条件：安全性（safety）、健康性（health）、便利性（convenience）、舒适性（amenity）
			1967年 麦克哈格	设计结合自然
			1972年	"人类环境"大会
			1976年 联合国人居署	温哥华"人类住区"
			1977年 国际建筑师协会	马丘比丘宪章
发展期	20世纪80年代末以来，信息化、全球化时代的到来，可持续发展思想的形成	宜居城市主题学术会议连续举办，人居环境成为联合国重点工作，形成议程，建立科学体系，全球共同行动	1985年12月17日第40届联合国大会	确定每年10月的第一个星期一为"世界人居日"（World Habitat Day），也称"世界住房日"，自1986年起截至2009年已举办24个"世界人居日"，一年一个主题
			1985年 由Henry L. Lennard发起	国际宜居城市会议（The International Making Cities Livable Conference，IMCL），至今已召开45次会议
			20世纪80年代末	新城市主义
			1987年 联合国	《我们共同的未来》
			1989年 联合国环境署	关于可持续发展的声明，明确"可持续发展"思想
			1990年 国际住房及规划联盟（IFHP）	健康城市（Healthy Cites）
			1992年 联合国	里约热内卢《21世纪议程》
			1996年 人居II	《人居议程》提出"人人享有适当的住房"和"城市化进程中人类住区可持续发展"
			1990年代中期 美国	精明增长
			2001年 联合国	建立联合国人居环境署

（资料来源：根据参考文献 [1]~[11] 整理。）

1.1.1 萌芽期探索

1. "田园城市"是宜居城市探索萌芽的标志

萌芽期始于19世纪末工业革命时期的大背景下，城市化进程第一次加速导致了城乡严重对立，城市环境质量下降并恶化，城市矛盾与问题加剧。社会呼吁改善人居环境，"田园城市"理想模式诞生，吹响了关注城市生活条件、改善城市环境质量的号角，成为宜居城市探索萌芽的标志。

1898年，英国的霍华德（Ebenezer Howard）发表了《明日：一条通向真正改革的和平道路》。他从社会改良的角度，从区域内城乡统一规划的主导理念出发，提出了建设一种兼有城市和乡村优点的理想城市——"田园城市"的构想，追求把积极的城市生活的一切优点同乡村的美丽和一切福利相结合的目标，倡导建立一种"田园城市"以改善城市人居环境质量。田园城市是为健康、生活以及产业而设计的城市，兼有城市和乡村各自的优点。它的规模足以提供丰富的社会生活，但不应该超过这一程度：四周要有永久性农业地带围绕，城市的土地归公众所有，由委员会受托管理。他在英国发起了"田园城市"运动，先后构建了伦敦外围莱奇沃思和韦林两座田园城市。

霍华德的"田园城市"理论一直影响着后来的国际城市规划界。随着社会的进步和城市化回归理性时代的到来，毫无疑问，对霍华德田园城市的规划思想的研究还会不断深入。他的城市规划理念不论是现在还是将来，不论是在理论方面还是在实践方面，都有着深刻的指导意义。

2. 关注城市形态发展的宜居城市萌芽期经典理论

1915年，生物学家格迪斯（Patrick Geddes）出版了《进化中的城市》一书。他把对城市的研究建立在客观现实的基础之上，通过周密分析地域环境的潜力和限度对于居住地布局形式与地方经济体系的影响，突破了当时常规的城市概念，提出把自然地区作为规划研究的基本框架，强调"人类社会必须和周围的自然环境在供求关系上取得平衡，才能持续地保持活力，荒野也是人类住区的组成部分，是文明生活的靠山，要平等地对待大地的每一个角落。"他还提出了城镇集聚区的概念。

接着，是芝加哥城市社会生态学派的活跃。其研究集中于城市中的人际关系，将自然生态学的基本理论体系尝试性地、系统性地运用于对人类社会的研究，并出现了伯吉斯（E. W. Burgess）等杰出的学术带头人。他和帕克于1925年合作编辑出版了《都市》一书，这是一本都市社会学的论文荟萃。1926年，伯吉斯又编纂了《都市社区》一书。作为《都市》的补充本，该书对都市社会学研究作出了杰出贡献，促使美国社会学学会1926年年会确定以都市社会学为研究重点，尤其在古典都市区位学的基础上提出了解释都市内部结构的同心圈假设。其后，又出现了霍伊特（Homer Hoyt）的扇形模式（1936年）、哈里斯（Harris）和乌尔曼（E. L. Ullman）的多核心模式（1945年）等，分析了城市中居住区和社会因素的空间分布。

20世纪以来，汽车交通迅速增长，城市居民对交通安全和居住环境质量的要求日益提高。1929年，美国人C·A·佩里首先提出"邻里单位"概念。他主张扩大原来较小的住宅街坊，以城市干道所包围的区域作为基本单位，建成具有一定人口规模和用地面积的"邻里"。其中布置住宅建筑、日常需要的各项公共服务设施和绿地，使居民有一个舒适、方便、安静、优美的居住环境，并在心理上对自己所居住的地区产生一种"乡土观念"。

1922年，以法国人勒·柯布西耶（Le Corbusier）为代表的国际现代建筑协会（CIAM）试图以现代形体技术手法探求城市人居环境模式。1925年，柯布西耶出版的《城市规划设计》一书将工业化思想大胆地带入城市规划。他认为，解决城市中存在的问题要从规划着眼，以技术为手段，改善城市的有限空间。他主张提高城市中心区的建筑高度，向高层发展，增加人口密度。与此密切相关的是，1933年国际现代建筑协会（CIAM）通过了现代城市规划的大纲——《雅典宪章》，以人的发展需要出发，提出了城市居住、工作、游憩与交通的功能分区，并强调"居住是城市的第一功能"。虽然其具有一定的机械性，但毕竟是探索人居环境的一大进步，意义深远。

1935年，与柯布西耶的集中城市规划理论相反，美国建筑师赖特（Frank Lioyd Wrignt）发表的《广亩城市》一文提出了反集中的空间分散规划理论。他呼吁城市回到过去的时代，相信电话和小汽车的力量，认为大都市将死亡，美国人将走向乡村，家庭和家庭之间要有足够的距离，以减少接触来保持家庭内部的稳定。

1938年，芒福德（Lewis Mumford）在格迪斯理论的基础上，倡导创造性地利用景观，使城市环境变得自然而适于居住，认为真正的城市规划必然是城市区域规划，每一个城市都有与其相应的地域作为其吸引范围，城市的发展要对周边的地域产生物质与人口的交换作用，而一个城市的形成与发展也受到相关区域的资源与其他发展条件的制约。

随后，1942年芬兰建筑师伊利尔·沙里宁（Eliel Sarrinen）的有机疏散理论则认为，城市作为一个机体，它的内部秩序实际上和有生命的机体内部秩序一致。如果机体中的部分秩序遭到破坏，将导致整个机体的瘫痪和坏死。为了挽救城市免趋衰败，必须从形体上和精神上对城市全面更新。再也不能听任城市凝聚成乱七八糟的块体，而是要按照有机体的功能要求，把城市的人口和就业岗位分散到可供合理发展的离开中心的地域；把重工业、轻工业疏散出去，许多事业和城市行政管理部门必须设置在城市的中心位置。城市中心地区由于工业外迁而腾出的大面积用地应该用来增加绿地，以解决城市中心的环境压力问题。

马斯洛（Abraham Maslow）是美国著名的社会心理学家、人格理论家和比较心理学家，也是人本主义运动的发起者之一和人本主义心理学的重要代表。他的需求层次理论和自我实现理论是人本主义心理学的重要理论。

马斯洛在《人类动机理论》一书中把人的需求分为生理需求、安全需求、社交需求、尊重需求和自我实现需求五类（图1-1），依次由较低层次到较高层次。各层次需要的基本含义如下：

（1）生理需求（physiological needs）。这是人类维持自身生存的最基本要求，包括饥、渴、衣、住、性方面的要求。

（2）安全需求（safety needs）。这是人类要求保障自身安全，摆脱事业和丧失财产威胁，避免职业病的侵袭，接触严酷的监督等方面的需要。

（3）社交需求（love and belonging needs）。这一层次的需要包括两个方面的内容。一是友爱的需要，即人人都需要伙伴之间、同事之间的关系融洽或保持友谊和忠诚；人人都希望得到爱情，希望爱别人，也渴望接受别人的爱；二是归属的需要，即人都有一种归属于一个群体的感情需要，希望成为群体中的一员，并相互关心和照顾。

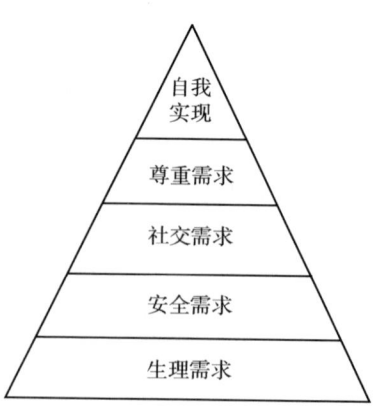

图1-1 马斯洛需求层次理论示意图
（资料来源：http：//baike.baidu.com/view/92972.htm.）

（4）尊重需求（esteem needs）。尊重的需要又可分为内部尊重和外部尊重两个方面。内部尊重是指一个人希望在各种不同情境中有实力，能胜任，充满信心，能独立自主，也就是人的自尊需要。外部尊重是指一个人希望有地位，有威信，受到别人的尊重、信赖和高度评价。

（5）自我实现的需求（self-actulization needs）。这是最高层次的需要，是指实现个人理想、抱负，发挥个人能力到最大程度，完成与自己的能力相称的一切事情的需要。

总之，19 世纪末至第二次世界大战前期的宜居城市研究的萌芽期，虽然宜居城市概念尚未被作为正式学术术语提出，但以面对城市问题而探索理想城市模式为特点，从城市的城市区域、空间结构、功能区划分、发展方向等方面提出了较宏观的理想城市发展模式，出现了多学科积极参与城市发展研究的生动局面。这为以后的宜居城市研究打下了良好的学科体系基础。

1.1.2 雏形期探索

1. 宜居城市探索进入雏形期的标志

第二次世界大战后至 20 世纪 70 年代这一时期，为宜居城市研究的雏形期，以明确提出宜居城市概念和人类聚居学等理论为标志。

随着城市规划的发展，该时期对舒适和宜人的城市环境的追求在城市规划中的地位逐渐得到确立。首先，大卫·史密斯（David L. Smith）在其著作《宜人与城市规划》中以 19 世纪后半叶的历史为基础，倡导宜人的重要性，并明确其城市宜人的概念。他认为，宜人的内涵包括三个层面的内容：一是在公共卫生和污染问题等层面上的宜人；二是舒适和生活环境美所带来的宜人；三是由历史建筑和优美的自然环境所带来的宜人。[3]

人类聚居学的诞生是宜居理论或方向产生的标志。1954 年，希腊学者道萨迪亚斯提出了人类聚居学的概念，强调对人类居住环境的综合研究。即人类聚居学要从自然界、人、社会、建筑物和联系网络等五个要素的相互作用关系中来研究人居环境。[1]

他对人类聚居地的基本需要作了如下概括：[4]

（1）安全。安全是人类能生存下去的基本条件（已包括人的生理需要，基本满足的前提）。人需要土地、空气、水源、适当的气候、地形等，以抵御来自大自然与其他人类的侵袭。

（2）选择与多样性。在满足了基本生存条件的前提下，就要满足人们根据自身需要与意愿进行选择的可能。"钟爱多样性"是生物学家、人类学家、心理学家的格言，因为它是一切人，包括生物的本质。

（3）需要满足的因素。与自然、社会、人工环境、信息等有最大限度的接触，即与人的外部世界有最大限度的接触，归结为其活动上的自由度。这种自由度随着科学技术的发展正在扩大；以最省力（包括能源）、最省时间、最省花费的方式满足自己的需要；任何时刻、任何地点都要有一个能受到保护的空间；人与其生活体系中各种要素之间有最佳的联系，包括大自然与道路、基础设施与通信网络等；根据具体的时间、地点以及物质的、社会的、文化的、经济的、政治的种种条件取得四个方面的最佳综合、最佳平衡。在小尺度范围内，人为环境要适应人的需要；在大尺度的范围内，人造环境要适应自然条件。

2. 简·雅各布斯对大城市宜居性的质疑

20世纪60年代，美国社会理论家简·雅各布斯在《美国大城市的死与生》中对城市的宜居性提出质疑，并呼吁创建更适宜人类居住的城市。

在该书中，她首先说明了城市的特性，明确了人行道、街区公园和城市街区的用途。提出了"街道眼"的概念，主张保持小尺度的街区和街道上的各种小店铺，用以增加街道生活中人们相互见面的机会，从而增强街道的安全感。其次，她推崇城市的多样性。认为城市是人类聚居的产物，成千上万的人聚集在城市里，而这些人的兴趣、能力、需求、财富，甚至口味又都千差万别。无论从经济角度，还是从社会角度来看，城市都需要以尽可能错综复杂并且相互支持的功能的多样性，来满足人们的生活需求。因此，"多样性是城市的天性"。另外，她强烈反对城市中的大规模计划（主要指公共住房建设、城市更新、高速路计划等），指出：大规模改造计划缺少弹性和选择性；排斥中小商业必然会对城市的多样性造成破坏，是一种"天生浪费的方式"；耗费巨资却贡献不大，并未真正减少贫民窟，而仅仅是将贫民窟移动到别处，在更大的范围里造就了新的贫民窟。

3. 战后城市重建与人居整治

二战后，欧洲城市重建、人居环境建设进入新时期，主要表现在城市规划与管理、住区和基础设施建设以及城市环境整治上。

1961年，世界卫生组织（WHO）总结了满足人类基本生活要求的条件，提出了居住环境的基本理念——安全性（safety）、健康性（health）、便利性（convenience）、舒适性（amenity），为居住环境评价提供了基本指标，以国际组织的影响力在全球推动了居住环境的建设。

20世纪60~70年代，法国建设了大量住宅，缓解了住房紧张的问题。80年代人居环境建设逐渐转向解决住区的资源与环境，如功能单一、公共设施缺失等矛盾。政府为此实施了大规模的城市住区改造工作，并为低收入群体建立社会福利住房体系。

20世纪70年代以来，美国居住区评价研究取得新进展。约翰斯顿（Jonhston，1973年）等学者在研究影响人们对居住区的舒适度评价的因素中发现以下三大因素影响着居民对居住环境的评价：一是人之外的环境要素，主要是指居住区的自然景观特征；二是人与人之间的环境要素，主要指邻里的社会特征组成，包括居住区居民社会联系的紧密程度、群体特征、居民受教育程度的高低、职业种类、经济收入水平等社会因素；三是居住区的位置。而美国卡普等学者（1976年）在调查旧金山居民对影响居住区位选择的环境因素过程中，让居民从100个因素中挑选出对居住区位选择最重要的选项，结果得出了20个有意义的要素。之后，诺克斯（Knox，1995年）将居住环境因素分为六类：①与美学相关的因素；②与邻居相关的因素；③可达性及流动性；④与安全有关的因素；⑤与噪声有关的因素；⑥令人烦恼的事情，如缺少私密性、上门推销人员的打扰等。[3]

二战后德国城市进行了大规模的住宅重建工作。第一阶段满足住房短缺之困，住房数量成为重点；第二阶段住宅质量、居住区环境以及配套设施成为关注焦点；20世纪90年代开始推行生态环保住区政策，以推动人居环境的可持续发展。其主要内容有：城市内涵式发展，通过城市更新改造和城市边缘发展以营造城市中有吸引力的地区；在改善环境、恢复自然生态的背景下更新和维护基础设施；发展城市公共交通和非机动交通工具等。

4. 联合国人居中心（UNCHS）的成立与发展

人类聚居学出现后，关于人居环境的研究和实践得到联合国的高度重视。1963年，世界人居环境学会（World Society of Ekistics）成立；1976年，联合国在温哥华召开首次人类住区大会（Habitat I），并正式接受"人类聚居"概念，在内罗毕成立了"联合国人居中心"（UNCHS），开始了广泛的关于人居环境的建设与研究工作。

1977年，国际建筑师协会通过《马丘比丘宪章》，并强调"人与人相互作用与交往是城市存在的基本根据"及"同样重要的目标是争取获得生活的基本质量以及与自然环境的协调"两个主题，是城市人居环境建设的基本内容和目标。

总之，二战后至20世纪80年代中期为宜居城市发展雏形期，其背景为面对资源环境挑战和发展极限思想的困惑，社会主义与资本主义两大阵营竞争，城市重建，联合国事业快速发展，世界新秩序不断推进。在宜居城市研究上，提出明确的宜居城市概念，针对问题，探索求解，提出观点，尝试实践。以关注个人需求，提出宜居环境评价的指标，形成宜居相关理论，联合国成立人居环境组织推进国际人居环境改善等为特点。

1.1.3 发展期探索

20世纪80年代后期，宜居研究进入形成期，其背景为：生态环境共建的意识不断提升，可持续发展成为人们的共识，全球市场经济进一步扩展，国际合作加强，城市安全新问题突显。人类生存的核心问题——城市宜居性由此成为关注的焦点。城市的新挑战也促进了联合国人居环境事业的大发展。尤其是1996年6月13日~14日第2届联合国人居大会在伊斯坦布尔的召开，被称为全球城市峰会。大会对20世纪90年代一系列联合国大会进行了总结，形成了划时代的《人居议程》，将人类栖息地改善当作联合国新时期的关键使命并达成一系列共同原则与目标。

1. 世界人居日的主题活动

1981年12月4日，联合国第36届大会通过一项决议，原则上采纳了斯里兰卡总理普雷马达萨关于开展国际住房年活动的倡议。

1982年12月20日，第37届联大正式宣布1987年为"安置无家可归者年"，即"国际住房年"。其宗旨在于提醒世界各国政府和人民集中思考住房问题，并为解决这个问题制定住房建设的总体规划、有关技术与经济政策和具体措施。在这一年中，广泛开展宣传活动，使各国政府和人民充分认识到解决无家可归者的住房问题和改善贫困者的居住环境，对维护社会安定和加速经济发展都有深远的意义。

1985年12月17日，联合国第40届大会确定每年10月的第一个星期一为"世界人居日"（World Habitat Day），亦称"世界住房日"。联合国还要求各国政府和地方当局在每年的世界人居日举行庆祝活动，以鼓励广大民众更好地认识到改进居住环境的必要性。同时，联合国每年还为世界人居日确定一个主题，并在一个城市主办"世界人居日"全球庆典活动（表1-2）。每年的主题是配合联合国"新千年目标"而确定的，即在2015年之前将全球目前还不能获得安全饮用水和基本卫生条件的人口减少一半,改善穷人与弱势群体的生活条件与环境。[5]

历年世界人居日及活动主题　　　　　表1-2

年份	活动主题	活动主题的英文表达	主活动地点
1986	住房是我的权利	Shelter is My Right	内罗毕
1987	为无家可归者提供住房	Shelter for the Homeless	纽约
1988	住房和社区	Shelter and Community	伦敦
1989	住房、健康和家庭	Shelter, Health and the Family	雅加达
1990	住房和城市化	Shelter and Urbanization	伦敦
1991	住房和居住环境	Shelter and the Living Environment	广岛
1992	持续发展住房	Shelter and Sustainable Development	纽约
1993	妇女与住房发展	Women and Shelter Development	纽约
1994	住房与家庭	Home and the Family	达喀尔
1995	住房—邻里关系	Shelter-Our Neighbourhood	库里蒂巴
1996	城市化、公民的权利与义务和人类团结	Urbanization, Citizenship and Human Solidarity	布达佩斯
1997	未来的城市	Future Cities	波恩
1998	更为安全的城市	Safer Cities	迪拜
1999	人人共有的城市	Cities for All	大连
2000	妇女参与城市管理	Women in Urban Governance	牙买加
2001	没有贫民窟的城市	Cities without Slums	福冈
2002	开展城市间的合作	City to City Cooperation	布鲁塞尔
2003	保障城市的用水与卫生	Water and Sanitation for Cities	里约热内卢
2004	城市——农村发展的动力	Cities – Engines of Rural Development	内罗毕
2005	千年发展目标与城市	The Millennium Development Goals and the City	雅加达
2006	城市——希望之乡	Cities – Magnets of Hope	那不勒斯
2007	安全的城市,公正的城市	A safe city is a just city	海牙

(资料来源:http://www.unhabitat.org/.)

2. 国际宜居城市论坛(IMCL)

1985年,由 Henry L. Lennard 发起建立的国际宜居城市研讨会(The International Making Cities Livable (IMCL) Conference)是宜居城市思想形成的标志。其后,该会议在美国和欧洲等地一年召开两次,到2007年已经召开了45次(表1-3)。会议集中了城市政府官员、建筑师、规划师、开发商、社区领导、行为科学家、艺术家与其他和城市宜居性建设有关的责任团体和个人,针对城市的宜居性建设交流经验与想法。[6]

近年来国际宜居城市研讨会情况　　　　　表1-3

届数	时间	地点
43	2005年6月20日~24日	威尼斯
44	2006年5月18日~22日	圣菲

续表

届数	时间	地点
45	2007年6月10日~14日	波特兰
46	2008年6月01日~05日	圣菲

（资料来源：http：//www.livablecities.org.）

1997年，国际宜居城市研讨会出版了《Making Cities Livable》一书，对城市宜居性建设产生了很大影响（图1-2）。

图1-2 《Making Cities Livable》封面

（资料来源：http：//www.livablecities.org/publications/books/26-making-cities-livable.html.）

全书共分四部分：第一部分为宜居城市，包括城市的未来、城市就是一个家庭、宜居城市七个目标、宜居的特征、弗赖堡会议的主题等；第二部分为基本原理，包括设计新都市邻里中心、气候因素和公共空间公共艺术、公共空间和重建、公共领域和好城市、对于孩子们的好城市、如何为孩子们和青年提供适宜的城市、社员的参与、让人们参与到规划之中等；第三部分为进展中的新都市邻里，包括规划的十个指导方针和一个新的城市的发展、旧的军事区域的新用途等；第四部分为一些建议。

3. 健康城市（Health City）

健康城市的概念是世界卫生组织于1986年提出的，如今已经发展成为世界性的健康城市运动。世界卫生组织对健康城市的定义为：健康城市是一个不断开发、发展自然和社会环境并扩大社会资源，使人们能够在享受生命和充分发挥潜能方面互相帮助的城市。从构成上看，健康城市包括健康人群、健康环境和健康社会三大要素。[7]根据全球健康城市创建的经验，世界卫生组织认为，健康城市应具有良好的、长期稳定的生态环境，洁净、安全和高质量的物质环境（包括住房），健康有序的社会环境（包括公共意识和社会保障），充足优质的医疗、预防和康复服务，理想的卫生政策和部门协调，对于地方财力和社区参与的动员——健康是每个人的权利，每个人都应该健康，适宜的、有效的公众健康法规和管理体系。[8]

到 20 世纪 90 年代国际住房及规划联盟（IFHP）进一步提出了"健康城市"具体的九项标准，除了干净、安全、高质量的物质形体环境外，还包括能长期支撑城市的生态环境，满足所有居民的食品、水、住房、收入、安全、工作等基本需要，多样化、有活力、有创新的经济结构，以及一个坚强的、相互帮助、和谐的社区。可以说，构建宜居城市已经成为世界性的潮流。[9]

健康城市重点关注的是人、人的健康以及健康的生活，特别是关注如何通过人类自身的努力消除或减少城市病，使城市的发展给人类带来更多的健康机会，使城市成为能够不断创造和改善物质和社会环境，不断扩充公共资源并帮助人类在健康生活的各个方面都得到有力支持的可持续发展的人类住区。所有这些也都是宜居城市应该关注的方面。因此，从这一角度说，健康城市不一定是宜居城市，但宜居城市一定是健康城市。

4. 新理论

这期间指导人居环境建设科学理论进一步深化最具典型的理论应属 20 世纪 80 年代末的"新城市主义"（New Urbanism）和 90 年代中期的精明增长理论（Smart Growth）。

新城市主义形成于 20 世纪 80 年代末的西方国家，特别是美国。新城市主义思想的核心是以现代需求改造旧城市中心的精华部分，使之衍生出符合当代人需求的新功能，但是强调要保持旧的面貌，特别是旧的城市尺度，最典型的案例是美国巴尔的摩、纽约时报广场、费城"社会山"以及英国道克兰地区等的更新改造。新城市主义与简单的"文物保护"项目不同，它具有发展、改造、提供新的内涵等更为明确、更为宽泛的动机。而在城市的郊区，新城市主义则提倡采取一种有节制的、公交导向的"紧凑开发"模式。[10]

精明增长理论反对城市郊区的无序扩张，基于经济和环境的角度思考城市发展模式。由于无序蔓延的郊区发展方式导致了土地等资源浪费、环境的污染以及基础设施负担沉重和交通问题等。它特别强调对城市外围要有所限制，更要注意发展现有城区。其后，精明增长理论延伸到如何建设美好的社区模式，后来又扩展到社会领域，研究如何提高社会公平，创造安全、富有和宜居的社区等。

5. 联合国人居环境共识

联合国人居环境共识是全球宜居城市的主导力量。1987 年联合国提供的《我们的共同未来》的报告反映了人居环境可持续发展的趋势。1992 年，《21 世纪议程》里的"人类住区"章节指出"人类住区工作的总目标是改善人类住区的社会、经济和环境质量以及所有人，特别是城市和乡村贫民的生活和工作环境。"

1996 年，联合国在伊斯坦布尔召开的第二次人类住区国际大会（Habitat II），通过了《人居议程》，对人居环境问题表现出更多关注，确定了全球人居环境建设行动纲领，提出了"人人享有适当住房"和"城市化世界中的可持续人类住区发展"两大主题，使人居环境成为全球性的议题。《人居议程》还确立了各国政策的国际标准和方针，设立了一种政府承诺并向联合国进行常规汇报的动态机制，建设宜居城市、宜人住区成为全球政府与非政府组织促进人类共同发展的理想与纽带。

6. 全球性宜居城市建设

加拿大的"宜居区域战略规划"重视协调处理人口增长与资源、环境的关系，谋求可持续发展，使加拿大温哥华区成为全球最适宜人类居住的地区之一。

从20世纪70年代开始，温哥华就开始关注城市的宜居性建设。其规划的核心是创造一个适宜人类居住的环境，涉及的内容主要有：①保护绿带；②建设完整的社区；③发展紧凑的都市区；④增加交通可选择性。规划围绕"适宜居住"主题展开，做到生态优化，确保规划过程的全方位协调运行与规划的动态实施与反馈、监控与纠偏的过程连续性。2003年，在《大温哥华地区长期规划》中更是将宜居城市的建设作为一个重要目标。[11]

另外，日本在人居环境建设方面最突出的是通过城市环境保护、健全法制、政府通过立法和行政干预等方式对环境进行保护；强调公众参与，注重环境保护意识培养，提升普通民众参与人居环境的意识；在全国建立城市人居环境监测体系，实时监控人居环境质量。

近几年，我国城市也开始向宜居建设方向发展，一些城市不断获得国际人居奖，很多城市都提出了建设宜居城市的口号。尤其是作为首都的北京，在城市总体规划中将宜居城市作为城市的发展目标之一，对全国其他城市的建设起到了很好的示范作用。

在一些拉美国家，联合国人居署注重处理城市贫困和肆虐贫民窟威胁生命的居住条件，通过拓宽劳工权利，改善社会保障，投资工人的知识和技能，提高贷款等，解决居住于城市贫民窟中的人的工作，改善其生活质量。

总之，20世纪80年代末以来，宜居城市探索进入了发展期，以信息化、全球化时代的到来和可持续发展思想的形成为时代背景。宜居城市探索的特点为：国际宜居城市主题学术会议连续举办，人居环境成为联合国工作重点，形成了人居议程，建立了科学体系，成为全球性的共同行动。

1.2 国内宜居城市研究与实践进展分析

1.2.1 宜居城市研究的兴起

吴良镛院士倡导的人居环境科学是我国现代宜居城市研究兴起的标志。他多年来一直致力于人居环境科学的开拓性探索，持续推进了人居环境科学的发展。吴院士在该方向的主要工作有：1993年，在中国科学院技术科学部学部大会上第一次正式提出建立"人居环境科学"的倡议；1995年11月在清华大学成立"人居环境研究中心"；1998年起主编出版"人居环境科学丛书"，1999年在清华大学开设"人居环境科学概论"课程；2001年，倾注多年心血的巨著《人居环境科学导论》出版，产生了很大的学术影响，促进了我国新时期城市发展与规划学术思想的主流方向的形成。在此背景下，不少学者开始对城市人居环境问题进行研究。

宁越敏等（1999年）对人居环境的内涵、评价方法进行了理论上的探讨，构建了人居环境评价指标体系，并以上海市为例探讨了人居环境的变化机制等。[12]

刘颂和刘滨谊（1999年）在综合国内外对城市环境综合评价的基础上，采用层次分析法从理论上构建了城市人居环境可持续发展评价指标体系，为城市人居环境评价提供了理论基础，但却没有区分不同等级城市的人居环境评价方法。[13]

李王鸣、叶信岳等（1999年）通过问卷调查对杭州城市人居环境作出评价，归纳总结了关于城市人居环境建设的几点结论性意见和有关启示。[14]

方可（1999年）在《生态化、宜人性与文化特色——创建21世纪中关村人居环境》一文中提出了中关村的规划建设要瞄准世界一流，强调"人居环境建设"，追求生态化、宜人性和开放性。[15]

田银生、陶伟等（2000年）对城市环境的"宜人性"创造进行了研究，提出了城市环境"宜人性"应关注的物质要素及评价标准。[16]

舒从全（2000年）在对三峡库区城市建设的研究中提出了"舒适城市"（amenity city）的概念，并阐述了舒适城市的特征和衡量标准（舒适度），认为一个舒适城市要有健康的经济结构、合理的空间模式、宜人的生活环境。这和后来提出的宜居城市的本质是一致的。[17]

董晓峰（2000年）结合西部大开发城市发展需要，以"兰州都市圈人居环境建设"课题为依托，开展了大城市地区的人居环境研究，并完成了该主题的博士学位论文。

陈秉钊等（2001年）针对上海市快速城镇化导致城乡居住环境发生变化的问题，通过对选取的上海市郊区13个典型乡镇进行调查与研究分析，从经济、社会、环境、城镇及住房建设方面提出上海市郊区小城镇人居环境可持续发展的对策。[18]

王文斌（2001年）在对花都城区的建设规划研究中提出了要把花都建成"宜居宜工宜商"的现代化城市。[19]

邓清华、马雪莲（2002年）提出了城市人居理想的核心内容就是安全、天人合一、宜人性、平等和文化性。不难看出，这些内容也是宜居城市的核心内容。[20]

仇保兴先生（2002年）在《追求繁荣与舒适》一书中提出了城市建设与发展应追求舒适、便利与和谐的主张。[21]

在区域城市体系的人居环境研究上，李雪铭和刘敬华（2003年）从人适应气候的生理和心理角度出发，构建评价指标体系，采用多层次模糊综合评判方法，对全国各主要城市的气候适居性程度进行了定量评价。[22]

赵万民（2003年）通过多年对我国西南地区环境特征的调查与分析，开展了山地人居环境的研究，并提出要建构山地人居环境学的理论框架，加强基础性工作的实践，加强研究人才队伍建设的建议。[23]

刘爱姣（2003年）针对漯河市的情况提出了建立"生态宜居城市"的概念。[24]同年，漯河市市长靳克文在中国城市森林建设研讨暨经验交流会上更加明确地提出了要实施绿化工程，建设生态宜居森林城市的建议。[25]此后，胡连真、赵自申等（2004年）进一步对如何把漯河市建设成生态宜居城市进行了研究。[26]

周志田等（2004年）从生态环境角度出发认为，适宜人居住的城市是一种遵循自然生态系统规律的人工生态系统的地域组织形式，并提出评价城市的适宜人居时需要考虑城市经济发展水平、发展潜力、安全保障条件、生态环境水平、居民生活质量水平、居民生活便捷度等方面。[27]

李雪铭和李婉娜（2005年）利用主成分分析法和模糊数学法研究分析了13年来滨海

城市大连人居环境—经济协调发展程度，并结合实际提出实现区域可持续发展的主要对策，对海滨城市大连进行了评价。[28]

任致远（2005年）认为，宜居城市要有充足的就业岗位，是社会和谐、环境优美、文化有个性、基础设施完善配套的城市。同时，他也对宜居城市衡量标准进行了探讨。[29]

袁锐（2005年）认为，宜居城市就是经济、社会、文化、环境协调发展，人居环境良好，能够满足居民物质和精神生活需求，适宜人类工作、生活和居住的城市。"宜人性"是对宜居城市最基本的要求，也就是使居民感到安全、舒适、放松。因此，宜居城市至少应该包括经济发展度、社会和谐度、文化厚度、生活舒适度、景观怡人度和公共安全度等六个方面的判别标准。[30]

张文忠等（2005年）对居住空间区位优势和城市内部居住环境评价进行了分析。接着（2006年）利用大量的问卷调查数据，从城市的安全性、环境的健康性、生活的方便性、出行的便利性、居住的舒适性等五个方面研究了北京的宜居现状、问题和未来的发展趋势，并提出了建设宜居北京的政策和建议。[31]

从2005年1月开始，《商务周刊》与零点研究咨询集团联合进行了针对"中国城市宜居指数"的多阶段探索性调查研究，得出《中国城市宜居指数2005年度报告》和31座城市的宜居指数排名。同时，他们也以此为基础，展开连续性的年度调查和跟踪研究，此后每年发布一份年度报告和中国城市宜居指数排行。

董晓峰2005年申请获得中国博士后基金项目"中国城市宜居性理论与实践"，2005年末开办"中国宜居城市网站"，2006年与中国城市规划院杨保军总规划师、王凯副总规划师等联合申请获得国家自然科学基金项目，深入开展宜居城市研究，并在其主持的新一版《兰州城市总体规划》前期研究课题《兰州城市规模研究》中提出建设宜居兰州的主张。2007年6月其完成的博士后出站报告《宜居城市理论与实践研究》被评为优秀。

俞孔坚教授认为，"宜居城市"就是适合人们居住的城市，具备两大条件，首先是自然条件，其次是人文条件。[32]

顾文选、罗亚蒙等（2007年）则研究了宜居城市评价的标准，提出从社会文明、经济富裕、环境优美、资源承载、生活便宜和公共安全等六个方面来评价城市是否宜居。[33]

楚建群和董黎明（2007年）认为，宜居城市必须满足居民多方面的需要，宜居目标要从当地的实际情况出发，因地制宜，不能套用同一的发展、评价模式。[34]

刘维新（2007）认为，生态环境、人文环境和经济环境是衡量宜居城市的三大标准。[35]

1.2.2　人居环境奖对我国宜居城市建设的促进

在人居环境建设上，我国城市建设实践已经取得了显著成绩，受到了联合国和中国政府的肯定与表彰，先后有一批城市获得了联合国人居奖、联合国改善人居环境最佳范例奖、世界人居奖以及中国人居奖、中国人居环境范例奖。其中，吴良镛院士主持设计的北京菊儿胡同类四合院工程于1993年获得世界人居奖。

中国房地产协会人居环境委员（2003年）推进实施"中国人居环境与新城镇发展推

进工程",其中的金牌试点工程以城镇住区、小城镇建设、城市功能更新改造为载体,在优秀的规划设计基础上,协同相关开发单位共建中国人居环境金牌建设试点项目。目前该项目已在全国20多个城市展开,并取得了良好的效果。[36]

"世界人居奖"是国际上一项颇有影响的大奖,由英国建造与社会住房基金会于1985年创立,作为该基金会对1987年"国际住房年"的献礼。设立"世界人居奖"的目的是为了在全世界范围内表彰那些能够为其他地方所仿效的成功而又有所创新的人居项目(主要侧重于住房项目)。

联合国人居奖由联合国人居署于1989年设立,旨在使国际社会和各国政府对人类住区的发展和解决人居领域的各种问题给予充分的重视,并鼓励和表彰世界各国为人类住区发展作出了杰出贡献的政府、组织、个人和项目,这是全球人居领域最高的奖励。截至2006年,全球共评出联合国人居奖128个。其中,中国先后共获奖15项(表1-4)。

联合国人居奖中国获奖城市及个人 表1-4

年份	获奖城市及个人
1990	唐山市因灾后重建的成就
1992	深圳市住宅局
1995	上海市解决居住特困户项目
1996	建设部部长侯捷
1997	中山市长黄子强
1998	沈阳市政府
1998	成都府南河综合整治项目
1999	大连市长薄熙来
2001	杭州市政府
2002	包头市政府
2003	威海市
2004	厦门市
2005	烟台市
2006	扬州市
2007	南宁市政府

(资料来源:联合国人居署驻北京信息办网站。)

中国人居环境奖由建设部于2000年设立,以表彰我国城乡建设和管理中在坚持可持续发展战略,努力改善城乡环境质量,提高城镇总体功能,创造良好的人居环境方面作出突出贡献的城市、村镇、单位、个人、项目,是我国有关人居环境方面的最高奖项(表1-5)。

中国人居环境奖获奖城市　　　　　　　　　　　　　　　表1-5

年份	获奖城市
2001	广东省深圳市、辽宁省大连市、浙江省杭州市、新疆维吾尔自治区石河子市、广西壮族自治区南宁市
2002	山东省青岛市、福建省厦门市、海南省三亚市
2004	海南省海口市、山东省烟台市、江苏省扬州市
2005	山东省威海市
2006	浙江省绍兴市、江苏省张家港市
2007	江苏省昆山市、山东省日照市、河北省廊坊市
2008	江苏省南京市、陕西省宝鸡市

（资料来源：根据各年中国人居奖获奖情况整理。）

1.2.3 中国宜居城市规划研究初步探索

深圳市城市总体规划（1996—2010年）提出要将深圳建设成最适宜居住城市的目标和理念。说明深圳在经历了初期的大兴土木和物质生活为主的发展阶段后，现在的重点已逐步转到关注生活环境上来。总体规划充分体现出对城市主体——人的关怀，尤其是对生活环境改善和提高的重视。规划强调考虑人与环境的关系，突出"以人为本"，创造宽松的"生态型"居住环境的设计理念。[37]

广州市城市总体规划（1996—2010年）将广州市发展目标确定为：华南地区的中心城市和全国的经济、文化中心城市，一个高效、繁荣、文明的国际型区域中心城市，一个适宜创业发展又适宜生活居住的山水型生态城市。

进入21世纪以来，在杨保军等专家的呼吁下，北京市城市总体规划（2004—2020年）将"国家首都、国际城市、文化名城、宜居城市"作为城市发展定位。将"宜居城市"作为北京市新时期的重要目标和发展战略的重点，并得到国务院的充分肯定和支持，使"宜居城市"规划建设成为我国新时期城市发展的重要方向，推动了我国"宜居城市"的研究与实践。

1.3 宜居城市的基本内涵和本质特征

纵观宜居城市相关研究，我们发现不同的专家或组织对宜居城市的概念和内涵的认识也有所不同，大家各有侧重，尚没有统一的定义。

为了更好地认识各种不同观点，我们从国外和国内两个板块分别分析有关宜居城市内涵的观点。为了使大家对各种观点有所区别，我们将其进行粗略的归类，从对各观点的主要特征的认识出发，在互相比较分析中，尝试给各主要观点予以命名（未必完全合理），希望我们的探索有助于人们对宜居城市概念和内涵的理解。

1.3.1 国内关于宜居城市内涵的认识

国内有关宜居城市内涵的论述可以归纳如下（表1-6）。

国内宜居城市观点　　表1-6

相关观点	倡导者	观点描述
好居观	任致远（中国城市科学研究会副秘书长）	"宜居城市"就是应当满足人们有其居而且居得起、居得好和居得久的基本要求，即"易居、逸居、康居、安居"八个字
利"生"的城市	中国城市科学研究会宜居城市课题组	宜居城市是一个内涵丰富的宽广概念，不是单纯指居住条件的适宜性和人人都享有一定的住房，而应当是"生产发展，生活富裕，生态良好"
满足不同群体需求观	叶立梅（北京市社科院）	"宜居城市"是以人为本的城市，建设宜居城市不仅是一个设施建设问题，还是一个如何协调、兼顾不同群体利益和需求的公共政策的制定问题
良好的生态与人文环境条件观	董黎明（北京大学）	宜居城市要创造一个良好的自然生态环境；市政、生活配套设施要齐备，尤其是公共交通设施要完备，要利于人们出行；还应包括社会环境因素
	俞孔坚（北京大学景观设计研究院）	宜居城市一是要具备自然条件，另一是要具备人文条件
	何永（北京城市规划设计研究院）	宜居城市中适宜人居住的环境包括自然生态环境和社会人文环境，只有同时具备这两个环境才真正可以被称为宜居城市
	叶文虎（北京大学中国可持续发展研究中心）	"宜居城市"要有充分的就业机会、舒适的居住环境，要以人为本，并可持续发展。一是要有好的物质环境；二是要有一个好的人际环境；三是要有好的精神文明氛围
可持续发展保障观	陈牧川（华东交通大学）	居民所需适当住房的保证；居民健康和安全的保障；人与城市环境、住区环境的和谐发展；城市住区的生态环境建设与管理；住区基础设施和住区资源的可持续开发与利用
公平和谐观	胡云（北京市社会科学院）	"宜居"二字从字面上理解：宜者，义也，也即公义、公道；居者，住也。所谓宜居城市，就是要让生活在城市的人们舒适、和谐、各得其所
	赵菲（《今日国土》记者）	宜居要求建筑必须将居住、生活、休憩、交通、管理、公共服务、文化等各个复杂的要求在时间和空间中结合起来
综合观	张文忠（中科院地理科学与资源研究所）	宜居城市应该是一个安全的、健康的、生活方便的、出行便利的、具有地方特色的城市
	李丽萍（中国人民大学）	宜居城市应是经济持续繁荣，社会和谐稳定，文化丰富厚重，生活舒适便捷，景观优美怡人，公共秩序井然有序的适宜人们居住、生活、就业的城市
	李康（首都规划建设委员会）	宜居城市能够在经济社会生活、生存发展环境及其可持续性等方面适应和满足不同人群在生存、享受现代文明和历史文明、个人全面发展三大需求层次中的多种物质和精神需求，并在发展中成为平衡有序、安居乐业、各得其所、充满活力、生态良好、人与自然共存共荣且具有相应吸引力、包容性、亲和力与竞争力的高生态位城市[46]
	谈绪祥（北京市规划委员会）	"宜居城市"第一要环境优美；第二要有充分的就业机会，要尊重人的发展；第三要使生活在这个城市里的人更加安全，包括社会治安环境和抵御自然灾害的能力[47]

（资料来源：根据参考文献[42]~[47]整理。）

1.3.2 国外关于宜居城市内涵认识的基本观点

总结国外有关宜居城市的观点，可以归纳如下（表1-7）：

国外宜居城市的观点 表1-7

相关观点	作者或出处	观点描述
健康城市	世界卫生组织（1961年）	1961年总结了满足人类基本生活要求的条件，提出了居住环境的基本理念：安全性（safety）、健康性（health）、便利性（convenience）、舒适性（amenity） 1986年提出，如今已经发展成为世界性的健康城市运动。健康城市包括健康人群、健康环境和健康的社会三大要素[47]
	国际住房及规划联盟（IFHP，1990年代）	提出"健康城市"（healthy cites）9个指标
满足居民需要观	《大温哥华地区长期规划》（Shelter Group etc，2003年）	应该满足所有居民的生理、社会和心理方面的需求，同时有利于居民的自身发展；可以满足和反映居民在文化方面的高层次精神需求
	A. Casellati（1997年）	能够真切地感受到自身作为自由个体的存在
市民共享城市观	D. Hahlweg（1997年）	能够享有健康的生活，很方便地到达要去的任何地方；具有通达便捷的开敞绿地；是一个全民共享的城市[2]
可持续发展观	E. Salzano（1997年）	社会与个体可持续发展观：宜居城市是连接过去和未来的枢纽，也是一个可持续发展的城市
	P. Evans（2002年）	适宜居住与生态持续观：一方面满足适宜居住；另一方面应该符合生态可持续发展的要求
活力的城市	H. L. Lennard（1997年）	在宜居城市中，人们可以彼此自由地交流；城市公共管理机构应该经常举行各种活动、庆典和公众集会
	H. L. Lennard（2006年）	每个人都可以彼此自由交流；拥有健全的平等对话机制；城市中的居民应该彼此认同，彼此尊重；具有多种功能的有机体（经济功能、社会和文化功能等）；注重城市建设中的审美考虑、建筑美学和实体环境的深层次文化含义
层次构成观	Mike Douglass（2000年）	一个宜居型模型包含：环境福祉（environmental well-being）、个人福祉（personal well-being）、生活世界（life-world）三部分
生命有机体	国际城市可持续发展中心	将"宜居城市"比喻为"生命有机体"

（资料来源：根据参考文献［48］～［52］整理。）

1. 满足居民需要与有利居民发展观

《大温哥华地区长期规划》中指出：宜居城市指的是一个具有下列特征的城市系统，它应该满足所有居民的生理、社会和心理方面的需求，同时有利于居民的自身发展。令人愉悦而向往的城市可以满足和反映居民在文化方面的高层次精神需求。要想达到这个主题所要求的目标，我们必须坚持以下几个方面的相关原则：社会公平、个人尊严保障、公共设施的无差别共享、和谐的城市氛围、公众参与和管理授权。[38]

2. 市民共享观

D. Hahlweg（1997年）认为：在宜居城市中，居民能够享有健康的生活，能够很方便地到达要去的任何地方——不论是采取步行、骑自行车、公共交通或是自驾车的方式。宜居城市是富有吸引力的、让人流连忘返的地方；对上班族、孩子和老人而言，它都是很安全的。在儿童和老人眼里，最重要的事物莫过于通达便捷的开敞绿地，那里是他们休闲、聚会和交流的自由空间。宜居城市是一个全民共享的城市。[39]

A. Casellati（1997年）指出，城市的宜居性意味着生活在这样的城市里，我们能够真切地感受到自身作为自由个体的存在。

3. 社会与个体可持续发展观

E. Salzano（1997年）认为，宜居城市是连接过去和未来的枢纽：它尊重所有的历史遗迹（我们的根），同时它也尊重那些还未降临尘世的人们（我们的子孙血脉）。宜居城市是一个保存着我们历史标记（遗址、建筑和纪念物）的地方。在建设宜居城市的过程中，我们应该与任何浪费自然资源的行为作坚决的斗争，努力给我们的子孙后代留下一个完整的、可以安居乐业的净土。所以，宜居城市也是一个可持续发展的城市，它以保证不损害下一代的发展能力为基本前提，并充分满足现今居民的生活需要。在宜居城市中，所有社会元素和城市建筑元素的构建都应该以满足社会和社会个体在自身完善和发展方面的要求为前提。在宜居城市中，公共空间是社会生活的中心，也是整个社会注意力的焦点所在。在建设和维护宜居城市的过程中，应该将其视为一个连续的、将城市中心和周边地区紧密联系在一起的网络状结构。在这里，步行道和自行车道将所有与城市生活质量相关的地域有机地、紧密地联系起来。[40]

4. 活力城市观

H. L. Lennard 在1997年和2006年提出了如下的宜居城市建设的基本原则：①在宜居城市中，每个人都可以彼此自由地交流。与之相对应的是"死城"，在这种城市中，人们相互隔绝，老死不相往来。②宜居城市，拥有健全的平等对话机制。城市公共管理机构应该经常举行各种活动、庆典和公众集会。③在宜居城市中，城市中的居民应该彼此认同、彼此尊重。不应该有异族歧视和认为他们低人一等或是天生邪恶的观念。④宜居城市，能够提供合适的公共设施，以作为社会学习和成员社会化的场所。对于儿童和青年而言，这些场所是他们生活不可缺少的组成部分。社会中的每一个成员都能相互学习，共同提高。⑤宜居城市应该是一个具有多种功能的有机体（经济功能、社会功能和文化功能等）。但是，现代城市在发展过程中倾向于集中力量以满足一两个功能的发展要求，从而忽略甚至牺牲了其他功能的发展需求。⑥我们应该注重城市建设中的审美考虑、建筑美学和实体环境的深层次文化含义。文化氛围和实体城市环境一样，都是我们不能忽视的现实存在。过去有一种错误观念认为在一种粗野、蛮横和冷淡的文化氛围中，城市居民仍然可以享有一种文明的、现代化的物质生活。

5. 层次构成观

麦克·道格拉斯（Mike Douglass，2000年）认为，宜居城市至少有四个方面的基本内涵：其一，城市居民应该享有广泛的生活机遇；其二，家庭和劳动力必须拥有富有意义的工作和谋生机会，这种机会也是自立和个人自我实现的源泉；其三，安全而清洁的环境，环境优化已经成为任何城市宜居的必要条件；其四，良好的城市管治，其中包容、参与、伙伴和透明均是良好管治的内容。[41]

道格拉斯提出构建一个宜居型模型，包含环境福祉（environmental well-being）、个人福祉（personal well-being）、生活世界（life-world）三部分（图1-3）。环境福祉是指城市是否有干净与充足的空气、土地及饮用水等自然资源，废弃物的处理能力，以及照顾到环境正义等议题。个人福祉包括减少贫穷，增加就业机会，教育与健康设施以及儿童安全等。这些是影响城市可持续发展的重要因素。生活世界是指城市生活的社会性，是城市居民对生活满意度的主观评价。

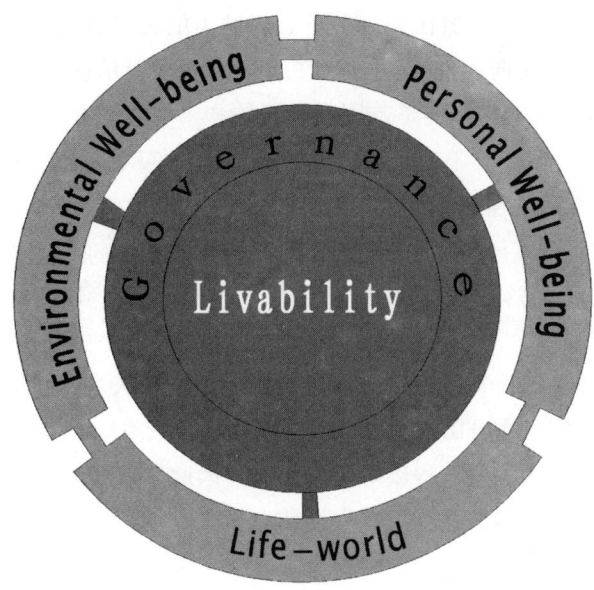

图 1-3 道格拉斯创建的宜居性模型

(资料来源：参考文献 [52]。)

6. 生命有机体

国际城市可持续发展中心在一份关于宜居城市的报告（2005 年）中，将"宜居城市"比喻为"生命有机体"（表 1-8）。

宜居城市——生命有机体　　　表 1-8

有关宜居城市的比喻	城市要素	相关描述
宜居城市的大脑和神经系统	城市管制和公众参与机制 监测机制 评价机制 城市自学习系统	宜居城市鼓励所有公众积极参与各项城市建设活动；宜居城市的规划监测能力类似于生命体中神经系统的功能。其主要作用是：①监督和评价宜居城市建设目标的实施情况；②鼓励城市建设的实验性尝试，检验新观点的有效性；③吸取原有城市建设的经验和教训；④时刻关注外界环境的动态变化，适时调整城市和区域发展战略；⑤积极而迅速地应对外界的机遇和挑战
宜居城市的心脏	城市公众基本价值观 城市居民身份认同和地域认同感	宜居城市拥有反映其独特城市精神的公共地域或场所，其作用为：反映城市的基本价值观；形成和加强居民的身份认同感；缅怀城市历史；举行节日、庆典活动；帮助儿童和青年迅速地融入当地社会
宜居城市的组成器官	完整的居住社区 市中心 核心区域 工业组团 绿地系统	一个宜居城市应该具备下列城市要素：①多功能的社区和经济适用的住房，方便的购物、就业、休闲娱乐和交通；②拥有公共空间并集中了大部分经济活动的城市中心；③工业组团（基础设施共用）；④绿地系统和开放空间（包括农业用地和公园）
宜居城市的循环系统	自然资源输入/输出流；绿色走廊 能量网络、通信网络、交通网络	宜居城市通过以下途径连接成为一个有机整体：①维持其日常活动所需的物质流动（用水、原料输入、排水管道和废弃物处理等）；②能量的输入和输出；③绿色走廊（保证城市生态多样性，满足居民休闲需要）；④通信网络（包括现代信息技术和各种通信手段）；⑤交通网络（重点照顾步行者利益，重视公共交通和物资的有效输送，符合步行化社区建设的需要）

(资料来源：国际城市可持续发展中心的一份关于宜居城市的报告（2005 年）。)

通过以上分析就可看到，尽管国内外关于宜居城市的表述有所不同，但在本质上是相近的，比如国外的宜居观指向"生命有机体"，而国内学者承认宜居城市是一个"综合体"。国内外关于宜居城市的新指向是趋同和相似的。

1.3.3 对宜居城市内涵的整体认识

在以上大量分析的基础上，笔者总结提出自己对宜居城市的一些基本认识。

1. 宜居城市研究的出发点、方法论与重要性

（1）出发点

我们认为，倡导宜居城市在于将城市规划建设回归到以人为本、和谐社会、生态文明的现实要求。"宜居城市"是居民对城市的一种心理感受，这种感受与居民的个人属性，即年龄、性别、职业、收入和教育程度等密切相关。因此，对"宜居城市"的评价和宜居建设的关键，在于充分考虑居民基本的共同愿望。

（2）方法论

宜居城市是个复杂的系统，内容包含小到个体，大到城市及其所处的区域。因此我们对它的研究要切实把握其系统性，不能仅仅停留于个别市民的个人要求，也不能只单一地去研究某个要素，而是要综合分析求解，既要考虑单一因素的内容特点，也要注意各要素之间的相互关联性，做到从整体把握城市的发展方向。

（3）重要性

"宜居城市"是所有城市的发展方向和理想，是规划和建设的目标，因此，"宜居城市"并非某个城市的专有或代名词。目前，建设宜居城市已成为全球城市的共识，联合国的重要行动。它是面对城市不宜居问题的求解，是人类社会进步的方向，也是我国城市集约化发展的呼吁。

2. 宜居城市的基本特征

我们对宜居城市基本特征的认识可归纳为：

（1）市民的城市

①市民主体性。市民是城市的主人，城市是居民的家园，城市建设应为市民发展服务，满足市民的愿望。城市宜居性应当主要由城市居民来评判，广泛的参与性规划是宜居城市建设必由之路。

②市民生活质量。城市宜居性以人的层次需求理论为基础理论，其核心应始终围绕城市或区域内居民所能够享受到的良好的"城市生活质量"，关注的焦点为市民对城市生活的满意度，即生活条件是否方便、舒适、安全等。

（2）系统的城市

城市是人类文明的载体，是人类休养生息的聚居地，在人类文明发展历程中肩负着伟大的使命。城市又是一个复杂的巨系统，是包含着人类、生态、经济、社会、文化多种要素的集合，因而宜居城市作为对当今城市属性简洁准确的概括，其内涵必定是丰富多样的。

①多维的城市。宜居城市作为一个综合体，包括自然、经济、社会等子系统，并且是

以生态环境、基础设施、文化氛围、经济支撑等作为其主要的系统构成部分。

②网络的城市。一个宜居的城市是开放的城市系统。它既关注城市内部构成要素的网络组成与联系，也注重城市内部网络与外界环境的关系。

③社会的城市。城市汇集了来自不同地区，有着不同民族、观念、职业、年龄等的人群，共同构成了城市这个大社会。在一个宜居的城市中，应处处体现公平性，城市社会应是文明向上且充满活力的。

（3）多样化的城市

①差异性。不同人群具有不同的要求。

②包容性。有着不同背景的人都能平等融洽地相处。

③关注城市的生命力（实力、活力、魅力等）和创新。

（4）发展的城市

①动态性。"宜居城市"是一个相对的概念，或者说是一个动态的目标，即一个城市是否是"宜居城市"是相对其他城市或相对于过去而言的。因此，是否达到"宜居城市"的标准，要参照城市和自身发展的历史。

城市宜居性与可持续性是不可分割的。在这一定义背景下，可持续性则应该是指维持我们所珍视或向往的生活质量的能力。在实践层面上，可持续性则往往被理解为不断提高城市现代居民和未来居民在经济、社会、文化和环境方面的综合生活质量。

②阶段性。不同发展阶段人们的期望不同，可以实现的程度也不同。"宜居城市"的建设目标具有层次性，较低层次的建设目标应该是满足居民对城市的最基本要求，如就业安全性、健康性、生活便捷性等。较高层次的建设目标则是满足居民对城市的更高要求，如人文和自然环境的舒适性、个人的发展机会等。

3. 宜居城市基本准则

①完善的物质保障与社会公共设施。包括城市公共设施、交通、住房、安全、减灾、就业、就医、教育、福利等方面，这是宜居城市的硬件设施。

②良好的生态环境。包括清新的空气、洁净的水源、葱郁的绿化和优美的自然景观等，这是宜居的生态支撑。

③和谐的人文氛围。包括社会秩序、道德风尚、文化底蕴和娱乐功能等，这是宜居城市的精神体现。

④文化特色性与包容性。宜居城市的文化是多元的。宜居的城市，不仅要尊重本土文化和地方精神，还要尊重与包容外来文化，以满足不同人群的需求，方便相互间的交流与合作。

⑤资源环境与发展持续性。宜居城市的资源利用和环境发展是可持续的。宜居城市应当节约和集约利用各种资源，减少各类废弃物的产生，发展循环型经济；同时注重生态环境的保护，尊重自然，按照自然规律办事，维持生态系统的平衡，最终实现人与自然的和谐相处。

⑥经济高效性和质量性。宜居城市的发展需要有经济发展作为动力。一要有强劲的经济实力作为支撑，为其提供源源不断的发展动力，以满足人们日益增长的生活、生产要求；二要在尽可能地减少投入的同时，高效率地产出，实现城市的精明增长。

参考文献

[1] 吴良镛. 人居环境科学导论[M]. 北京：中国建筑工业出版社，2001.

[2] 董晓峰，杨保军. 宜居城市研究进展[J]. 地球科学进展，2008（3）.

[3] 张文忠. 宜居城市的内涵及评价指标体系探讨[J]. 城市规划学刊，2007（3）.

[4] 陈纪凯. 适应性城市设计[M]. 北京：中国建筑工业出版社，2004.

[5] http://www.cin.gov.cn/Habitat.

[6] http://www.livablecities.org.

[7] 梁鸿，曲大维，许非. 健康城市及其发展：社会宏观解析[J]. 社会科学. 2003（11）.

[8] 万艳华. 面向21世纪的人类住区：健康城市及其规划[J]. 武汉城市建设学院学报. 2000（4）.

[9] 邹德慈. 城市的宜居性. 2005城市规划年会论文集特稿.

[10] 张京祥. 西方城市规划思想史纲[M]. 南京：东南大学出版社，2005.

[11] Vanessa Timmer and Dr. Nola-Kate Seymoar. The livable city[EB/OL]. http://www.icsc.ca/WD%20papers/The_Livable_City.pdf. 2006-3-20.

[12] 宁越敏，查志强. 大都市人居环境评价和优化研究：以上海市为例[J]. 城市规划，1999（6）.

[13] 刘颂，刘滨谊. 城市人居环境可持续发展评价指标体系研究[J]. 城市规划汇刊，1999（5）.

[14] 李王鸣，叶信岳，孙于. 城市人居环境评价：以杭州城市为例[J]. 经济地理，1999（2）.

[15] 方可. 生态化、宜人性与文化特色——创建21世纪中关村人居环境[J]. 城市问题，1999（6）.

[16] 田银生，陶伟. 城市环境的"宜人性"创造[J]. 清华大学学报（自然科学版），2000（S1）.

[17] 舒从全. 关于营建三峡库区"舒适城市"的构想[J]. 重庆建筑大学学报（社科版），2000（2）.

[18] 陈秉钊等. 上海市郊区小城镇人居环境可持续发展研究[J]. 城市规划汇刊，2002（4）.

[19] 王文斌. 花都城区建设规划的思考[J]. 西北建筑工程学院学报（自然科学版），2001（3）.

[20] 邓清华，马雪莲. 城市人居理想和城市问题[J]. 华南师范大学学报（自然科学版），2002（1）.

[21] 仇保兴. 追求繁荣与舒适：转型期间城市规划、建设与管理的若干策略[M]. 北京：中国建筑工业出版社，2002.

[22] 李雪铭，刘敬华. 我国主要城市人居环境适宜居住的气候因子综合评价[J]. 经济地理，2003（5）.

[23] 赵万民. 关于山地人居环境研究的理论思考[J]. 规划师，2003（6）.

[24] 刘爱姣. 探索利用洪水资源，建立生态宜居城市[J]. 治淮，2003（9）.

[25] 靳克文. 实施绿化工程，建设生态宜居森林城市[J]. 今日国土，2003（4）.

[26] 胡连真,赵自申,师军杰等.漯河市建设生态宜居城市的对策和措施[J].河南林业科技,2004(1).

[27] 周志田等.中国适宜人居城市研究与评价[J].中国人口资源与环境,2004(1).

[28] 李雪铭,李婉娜.1990年代以来大连城市人居环境与经济协调发展定量分析[J].经济地理,2005(3).

[29] 任致远.关于宜居城市的拙见[J].城市发展研究,2005(4).

[30] 袁锐.试论宜居居城市的判别标准[J].经济科学,2005(4).

[31] 张文忠,尹卫红,张景秋等.中国宜居城市研究报告[M].北京:社会科学文献出版社,2006.

[32] 人民日报.城市,你如何才能"宜居"[J].信息导刊,2005(15).

[33] 顾文选,罗亚蒙.宜居城市科学评价标准[J].北京规划建设,2007(1).

[34] 楚建群,董黎明.创造良好的城市宜居环境[J].北京规划建设,2007(1).

[35] 刘维新.以"三大标准"看北京宜居之路[J].北京规划建设,2007(1).

[36] 中国人居环境与新城镇发展推进工程推进工程简介.中国人居环境网.

[37] 郝之颖.对宜居城市建设的思考——从国际宜居城市竞赛谈宜居城市建设实践[J].国外城市规划,2006(2).

[38] 叶立梅.和谐社会事业中的宜居城市建设[J].北京规划建设,2007(1).

[39] 何永.理解"生态城市"和"宜居城市"[J].北京规划建设,2005(2).

[40] 柴清玉.建设"宜居城市"关键在政府[J].人大建设,2006(9).

[41] Douglass M. Globalization and the Pacific Asia crisis – Toward economic resilience through livable cities. Asian Geographer, 2000, 19 (1/2): 119–137.

[42] 陈牧川.论创建理想的人居环境[J].江西教育学院学报,2005(6).

[43] 胡云.北京构建宜居城市:公众参与及其模式探讨[J].北京规划建设,2005(6).

[44] 赵菲.北京:你离宜居有多远[J].今日国土,2005(3).

[45] 李丽萍,郭宝华.关于宜居城市的几个问题[J].重庆工商大学学报,2006(3).

[46] 李康.宜居城市如何认识与评价[J].北京规划建设,2007(1).

[47] 王明皓等.关于创建宜居中小城市的探讨[J].青岛科技大学学报(社会科学版),2005(4).

[48] 梁鸿,曲大维,许非.健康城市及其发展:社会宏观解析[J].社会科学,2003(11).

[49] cities^{PLUS}. A Sustainable Urban System: The Long-term Plan for Greater Vancouver. Vancouver, Canada: cities^{PLUS}. 2003.

[50] Hahlweg D. "The City as a Family" In Lennard S. H., S von Ungern-Sternberg, H. L. Lennard, eds. Making Cities Livable. International Making Cities Livable Conferences. California, USA: Gondolier Press, 1997.

[51] Salzano E. "Seven Aims for the Livable City" in Lennard, S. H., Svon Ungern-Sternberg, H. L. Lennard, eds. Making Cities Livable. International Making Cities Livable Conferences. California, USA: Gondolier Press, 1997.

[52] Lennard H. L. "Principles for the Livable City" in Lennard, S. H., S von Ungern-Sternberg, H. L, 1997.

2

宜居城市构成系统与评价指标体系构建

2.1 宜居城市构成系统构建

2.1.1 宜居城市系统分析

在不同的专家和居民心目中，有不同的宜居城市构成系统；同一专家学者，从不同的角度来看宜居城市的组成，也会得出不同的构成系统。正因为如此，在宜居城市研究中，不同的专家或机构，从不同的视角和倾向出发，提出了各不相同的宜居城市构成系统或者对宜居城市构成系统作出了不同表述。概括起来，对宜居城市的构成有三种视角：一是基于城市实体组成的视角；二是基于居民主观感受的心理视角；三是前两者结合的视角。当前，国家提出的宜居城市构成系统（大多数在宜居城市或人居环境评价中提出）均未超出这三种类型。所以，我们按此三种类型分别进行分析，讨论宜居城市合理的构成系统。

1. 基于城市实体组成的宜居城市构成系统

基于城市实体组成的宜居城市构成系统是从城市组成结构的角度出发，以分解的方法来讨论宜居城市构成系统。它从城市物质的、社会经济的"实体"结构组成来看待宜居城市应该具备的要素构成系统。

目前具有影响力的基于城市实体组成的宜居城市构成系统主要有联合国人居环境署和中国建设部的人居环境奖的评价系统、英国经济学家智囊团针对全球主要城市的"最佳居住地"的评价系统、美国《财富杂志》针对美国主要城市的"最佳居住地"的评价系统等，在评价应用时也多以统计所获得的城市实体要素发展状况数据为主。

（1）人居奖的评价系统

①联合国人居奖的评价系统

由于人类的居住环境在人口迅速增长所造成的压力下不断恶化，人居领域问题重重，包括拥挤、提供基本服务的经费不足、缺少适当的住房、基础设施每况愈下等等。在这样的大背景下，1989年，联合国人居署（原联合国人居中心）开始创立"联合国人居奖"，目的是使国际社会和各国政府对人类住区的发展和解决人居领域的各种问题给予充分的重视，并鼓励和表彰世界各国为人类住区发展作出了杰出贡献的政府/组织、个人和项目。每年联合国人居署都要收到大量各国政府推荐的参加人居奖评选的项目材料，被推荐的候选者可以是政府机构/组织、个人或项目，内容可涉及人类住区的各个方面，如住房、基础设施、旧城改造、可持续人类住区发展、灾后重建、住房解困等（表2-1）。为了确保人居奖的权威性，人居署聘请了一批资深的官员和专家组成评委会，对所有候选者的申报材料进行严格的评审和筛选，最后选出获奖者。[1]

联合国人居环境奖评价系统构成　　表2-1

联合国人居奖评价内容	联合国人居奖评价内容英语表达
住房	Housing
基础设施	Infrastructure

续表

联合国人居奖评价内容	联合国人居奖评价内容英语表达
旧城改造	Transformation of the old city
可持续人类住区发展	Sustainable human settlements development
灾后重建	Reconstruction
住房解困	Housing difficulties

（资料来源：参考文献 [1]。）

②我国建设部的人居奖[2]

为适应联合国人居委员会所设立的"联合国人类居住环境奖"和"迪拜国际改善居住环境最佳范例奖"的需要，表彰我国在城乡建设和管理中坚持可持续发展战略，努力改善城乡环境质量，提高城镇总体功能，创造良好的人居环境方面作出突出贡献的城市、村镇、单位和个人，2000 年建设部决定设立"中国人居环境奖"，并参考相应指标体系（表2-2）。随着经济社会的发展和城镇化进程的加快，原《中国人居环境奖申报和评选办法》（建城 [2002] 127 号）中的部分内容和指标已不适于当前城乡建设工作。2006 年为全面落实科学发展观，构建社会主义和谐社会，进一步规范"中国人居环境奖"的申报和评选工作，建设部对《中国人居环境奖申报和评选办法》进行了修订。"中国人居奖"的评选对象为城镇政府，综合反映城镇在改善人居环境方面的总体成就。"中国人居环境范例奖"的评选对象是城镇政府或政府部门、企事业单位、社会团体、项目、个人，反映获奖者在改善城镇人居环境工作中某个方面取得的成就。

中国人居环境奖参考指标体系　　　　表2-2

定量指标	①城市人均住宅建筑面积：≥25m² ②城市规划建成区每平方公里人口密度：≥10000 人 ③城镇最低收入家庭每户人均住宅建筑面积：≥8m² ④城市燃气普及率：≥95% ⑤集中供热普及率：≥65% ⑥城市供水普及率：≥98.5% ⑦城市污水处理率：≥70% ⑧城市污水处理再生利用率：≥20% ⑨城市人均拥有道路面积：≥11.5 m² ⑩以步行、自行车和乘坐公共汽车出行的居民比率：≥55% ⑪城市规划建成区绿化覆盖率：≥40%；城市规划建成区绿地率：≥35% ⑫城市规划建成区人均公共绿地面积：≥10m²；城市中心区人均公共绿地面积：≥6m² ⑬城市生活垃圾无害化处理率：≥65% ⑭城市规划建城区内符合节能设计标准的建筑面积比例（2006 年） 北方地区城市：≥30% 过渡地区城市：≥25%；南方地区城市：≥20% （今后每年此指标提高2%~5%）

续表

定性指标	①城市总体规划和详细规划已依法编制、审批并公布，各层次城市规划的编制符合《城市规划编制办法》和相关规范要求； ②基本建立城乡统筹的规划建设管理体制和工作机制； ③规划区内各项建设实施统一管理，严格执行"一书两证"制度。严格依法管理土地，合理安排土地的使用。对违反《城市规划法》和《土地管理法》的各类案件及时查处； ④城市基础设施建设进度合理，市政公用设施日趋完善； ⑤建立城市供水安全保障及应急系统，保证城市用水有效供给，供水水质达到国家规定标准。配套建设城市排水设施，切实发挥其排涝和保护水环境质量的作用，城市污水处理厂负荷率达到国家有关规定； ⑥建立城市燃气安全保障及应急系统，保障安全供气； ⑦优先发展城市公共交通，有完善的城市路网结构及功能完善、状况良好的公共交通基础设施大城市应在城市主干道上设置公共交通专用道（路）和优先通行信号系统； ⑧积极推广城市绿色照明； ⑨建设（城建）档案（特别是地下管线档案、基础设施档案、房屋产权产籍档案）收集齐全完整，管理科学规范； ⑩房地产市场健康发展，交易规则健全，增量市场、存量市场、租赁市场体系健全，住宅供求总量基本平衡，结构基本合理，价格基本稳定； ⑪建立完善的住房保障体系，多渠道解决中低收入家庭的住房问题； ⑫城市房屋拆迁管理规范，近两年未发生拆迁恶性事件； ⑬新建住宅小区全部实行了物业管理，绝大多数的旧住宅小区经过整治后实现了物业管理； ⑭已编制完成城市空气污染的控制性规划，采取切实可行的措施减少大气污染，建立空气质量日报制度，城市空气质量达到国家二级标准，采取有效的降噪措施，治理城市噪声污染； ⑮有效地控制城市污水排放量，并实行达标排放，规划区内的河、湖、渠已全面整治改造，水体环境质量达到相关标准； ⑯实施城市生活垃圾分类收集和综合利用，基本实现城市生活垃圾处理减量化、资源化、无害化；全面实施污水处理费和垃圾处理收费政策，并达到国家规定的最低收费标准，运行资金解决较好； ⑰重视生物多样性保护，恢复城市自然生态环境的措施切实可行； ⑱建立健全保护监管机制，各类自然文化遗产保护完好； ⑲依法行政，城市规划、建设、监管法规、制度健全，体系完善； ⑳市民广泛参与城市规划、发展的重大决策，社区内生活、文化、卫生、教育等各类设施配套齐全，社区治安综合治理情况良好，社区公益性活动开展较好； ㉑综合防灾管理机制健全，城市防灾减灾工作成效显著； ㉒符合社会主义新农村建设的要求，村镇建设规划管理体制机制完善，村庄整治富有成效，村容村貌整洁、农民的居住条件良好； ㉓基本完成"城中村"改造，城乡结合部环境卫生等基础设施建设整体状况良好，已纳入城市规划建设统一管理； ㉔建立有效的建筑节能监管体系，新建建筑全面执行节能强制性标准，既有建筑节能改造工作有实质性进展，建立建筑能耗统计报告、公告制度； ㉕积极开展改善人居环境的宣传教育和科技创新工作

（资料来源：http://www.cin.gov.cn/habitat.）

(2) 周志田提出的"适宜人居城市评价系统"

中科院科技政策研究所的周志田等人完成了《中国适宜人居城市研究与评价》(2004年)，认为适宜人居住的城市是一种遵循自然生态系统规律的人工生态系统的地域组织形式。在评价中国城市的适宜人居时，应该考虑城市经济发展水平、城市经济发展潜力、城市安全保障条件、城市生态环境水平、城市居民生活质量水平、城市居民生活便捷度等六个方面（表2-3）。[3] 此项评价选用2000年、2001年中国城市统计年鉴和相关部委城市年鉴的客观数据，采用数学模型方法对我国50个样本城市的宜居水平进行了测评分析。

适宜人居城市构成系统 表 2-3

状态层	要素层
1 经济发展水平	11 人均 GDP；12 职工人均工资；13 第三产业占 GDP 比重
2 经济发展潜力	21 城市发展成本指数；22 城市创新指数；23 城市学习指数
3 社会安全保障	31 城乡二元结构系数；32 失业率；33 人均保障总额
4 城市环境水平	41 人均园林绿地面积；42 绿化覆盖率；43 城市生态盈余
5 生活质量水平	51 人均住房面积；52 人均消费额；53 万人拥有的医生数
6 生活便捷程度	61 人均道路铺装面积；62 人均邮电业务总量；63 千人拥有电话数

（资料来源：参考文献[3]。）

(3) 英国经济学家智囊团针对世界范围内的城市"最佳居住地"评价体系

经济学家智囊团（Intelligent Unit Economist，简称 EIU）的全球城市宜居性排名工作，是在其先前"居住困难度"的调查方法上展开的，其要素都是从城市实体角度出发对城市宜居性进行考量。随着城市涵盖内容的不断复杂化，其调查评价指标也在不断变化。表 2-4 是 2004 年 EIU 的全球城市宜居性评价指标体系，评价指标共 12 个，分三组：健康和安全、文化与环境、基础设施。而 2005 年的 EIU 世界城市宜居性调查指标已增至五组：社会稳定程度、健康水平、文化与环境、教育质量、基础设施。通过对调查而来的数据进行定性和定量综合分析，产生一个综合指数。其中，综合指数为 0% 的城市，其生活环境极为优越；指数为 100% 的城市，其生活条件令人无法忍受。[4]

EIU 宜居城市 2004 年度评价指标体系 表 2-4

评价内容	评价指标	指标来源
健康与安全	①暴力与犯罪的威胁	EIU 排名
	②恐怖主义与军队冲突的威胁	EIU 排名
	③健康与疾病排名	EIU 排名（基于 13 项健康指数）
文化与环境	④文化排名	EIU 排名
	⑤娱乐能力	EIU 娱乐能力方面的排名包括：夜总会、餐馆、体育活动、体育设施、剧院、影院等
	⑥气候排名	EIU 排名
	⑦消费与服务能力	EIU 排名
	⑧贪污腐败	透明度排名（EIU）
基础设施	⑨交通基础设施排名	EIU 排名
	⑩住房储备（STOCK）排名	EIU 排名
	⑪教育综合指数	EIU 排名（基于 12 项教育指标）
	⑫公共网络设施排名	EIU 排名

（资料来源：参考文献[4]。）

(4)《财富》杂志"美国年度最佳居住地"评价体系

《财富》（Money）杂志"美国年度最佳居住地"（Annual Awards of Best Places To Live in USA）评选每年举行一次，评选基础虽然来自于对城市居民的调查，但定位指标很大程度上还是基于城市实体（表 2-5）。[5]

2005 年财富杂志全美宜居城市评选指标体系　　　　　　表 2-5

评价内容	评价指标	评价内容	评价指标
财务状况	年收入均值（USD）	生活质量	空气污染指数
	零售税率		人身犯罪指数
	州收入税率（高）		财产犯罪指数
	州收入税率（低）	文化娱乐设施	电影院
	汽车保险补贴（USD）		酒吧、餐厅
住房	房屋均价（USD）		高尔夫球场
	房屋价值增幅		图书馆、博物馆
教育水平	学院和大学数量	气候状况	年均降水量
	职业技术学院数量		年最高气温
	学生/教师商数		年最低气温

（资料来源：参考文献 [5]。）

可以看出，他们的评价构成系统都是从城市实体的建设出发，指标是实体指标，选择对其研究的城市在宜居性建设方面的工作进行考量，但各有侧重。联合国人居环境奖、中国人居环境奖是从综合的指标方面评价，较为全面；EIU、《财富》杂志对城市宜居性评价中 EIU 未考虑经济的发展对城市宜居性的影响，而《财富》杂志则没有考虑基础设施等城市生命线的因素。

2. 基于居民满意度的宜居城市构成系统

基于居民满意度的宜居城市构成系统，是通过专家对城市居民居住心理需要调查得出的宜居构成系统。它以市民心理需要为出发点，然后才与城市实体构成系统对接，更加突出居民感受，在评价中也主要由居民来打分评判。

目前具有影响力的基于居民满意度的宜居城市构成系统，主要有日本浅见泰司教授的"居住环境评价系统"、张文忠研究员提出的宜居北京评价指标构成系统和零点调查的"中国宜居城市排行"构成系统。

（1）日本浅见泰司教授的城市居住环境构成系统

在《居住环境评价方法与理论》一书中，浅见泰司教授结合近年来人类地球环境保护意识增强，可持续发展越来越重要的新变化，在 WHO 健康的人居环境四个基本理念"安全性"、"保健性"、"便利性"、"舒适性"的基础上引入可持续性理念。他对五项理念的阐释均从人的身体角度出发，即为了维持生命、规避风险的安全性，为了维持健康所必需的保健性，为了在日常生活中消除不便所具有的便利性，为了生活的丰富和愉悦所具有的舒适性，以及为了维持自身之外，特别是下一代人以后的生活环境所必需的可持续性。这五个理念不仅从个人获得利益的角度来考察居住环境，同时考虑了个人对社会作出了何种程度的贡献。[6]日本浅见泰司居住环境调查要素系统详见表 2-6。

日本浅见泰司居住环境调查要素系统   表 2-6

项目		目的		《新居住指标调查》中提出的五项指标	
安全性	日常安全性	防范性能			
		交通安全性	未设人行道的道路最大幅宽	一般道路的人行道设置率	减少行人与机动车接触的机会
				机动车通行量	
		生活安全性			
	灾害安全性	自然灾害安全性	幅宽6m以上道路的密度	地区、街区建筑覆盖率	利于消防
				双方向避难率	
				消防活动困难地区领域率	
		地基安全性		地区、街区建筑覆盖率	
		城市火灾安全性	木造防火建筑覆盖率	栋数（户数）密度	火势不易蔓延
				木造建筑容积率	
				街道不良住宅比例	利于避难
保健性		公害预防	环境基准综合指标	至干线道路的距离	保障卫生的噪声水准
				噪声量（或机动车通行量）	
		传染病预防		二恶英浓度	
		自然的享受	日照4h以上的户数比例	空地率	保障日照时间
					利于通风和采光
便利性		日常生活的便利性	医疗设施密度	各种公共设施的密度	保障各种设施的便捷利用体现对人的关怀
				至各种设施的距离	
		公共设施利用		商业设施的密度	
		交通的便利性		至公共交通设施的距离	便于利用公共交通工具
		社会服务设施的便利性			
舒适性	人工环境	美观的舒适性	土地、水面、绿地覆盖率	空地率	保障开放空间 保证绿地
		开放的舒适性		地区、街区建筑覆盖率	
		社区的舒适性		地区、街区容积率	
		嫌恶设施的隔离			
	自然环境	绿地、自然水体的舒适性			
可持续性	人工环境	维持健康、持续的城市活力		家庭规模的构成分布	
		街区的魅力		住宅保有量的平衡	
		住宅地区的适当改造和更新		街道不良住宅的比例	
				住宅地价、居民满足度	
				各年龄层人口构成	
	自然环境	减轻环境负荷		透水性地表面比例	保障透水性地表面数量（含部分透水性地表面）
		对生态循环的贡献		垃圾回收彻底程度	

（资料来源：参考文献[6]。）

（2）张文忠研究员提出的宜居北京评价指标构成系统

张文忠研究员 1993~1997 年在日本一桥大学、驹泽大学学习和研究。上面提到的浅见泰司的《居住环境评价方法与理论》一书，就是由曾留学日本的他和高晓路研究员等共同翻译的，其宜居城市构成系统和浅见泰司的居住环境构成系统基本上是一脉相承的，无论是主观的还是客观的评价指标都是从人的生理需求角度出发。数据的获取使用地理信息系统（GIS）和居民社会调查结合。客观性指标为安全性、健康性、方便性、便捷性、舒适性，主观性指标增加了满意度的描述，其宜居城市评价指标体系见表 2-7。

宜居城市评价指标体系 表 2-7

客观性评价指标		主观性评价指标	
安全性	自然灾害发生率	安全性满意度	治安状况
	意外伤害发生率		交通安全状况
	犯罪率		各种灾害的宣传和管理状况
	交通事故率		紧急避难场所状况
	到最近的紧急避难场所的距离	健康性满意度	汽车尾气排放产生的污染
	到最近的消防设施的距离		扬尘、工业等其他空气污染状况
健康性	大气污染指数		雨污水排放和水污染状况
	垃圾处理率		道路和工厂噪声状况
	噪声的分贝		商店和学校等的生活噪声
	饮用水的标准		垃圾堆弃产生的污染
方便性	教育设施的数量和等级	方便性满意度	教育设施状况
	医疗设施的数量和等级		医疗设施状况
	商业设施的数量和等级		日常购物设施状况
	娱乐设施的数量和等级		非日常购物设施状况
	到主要公共服务设施的距离		儿童游乐设施状况
	儿童游乐场的数量和等级		餐饮设施状况
便捷性	交通设施的数量和等级		休闲娱乐设施状况
	交通线路的数量和等级	出行性满意度	公交设施的利用
	距最近的地铁站点的距离		日常生活出行
	距市中心的距离		到市中心的便利程度
舒适性	公园、绿地的数量和规模		通勤的便利程度
	绿化率		交通通畅与拥堵状况
	公用空地的数量和规模	舒适性满意度	公园绿地状况
	建筑密度和高度		绿化状况
	各种文化场馆的数量和规模		建筑景观的美感
	文明家庭的数量		清洁状况
	街区的历史年代		公用空地状况
			空间开敞性
			建筑物密度
			邻里关系状况
			文化、社区氛围、街区特色

（资料来源：参考文献［7］。）

（3）零点集团和《商务周刊》进行"中国宜居城市排行"的评价系统[8]

零点集团的构成系统分为居住空间、社区空间、公共空间三个层次，范围由小到大。不同层次对城市宜居性的评价内容相应有所不同，但就内容性质而言，是从城市居民对城市的宜居性感受入手，对所选城市进行评价。零点集团与《商务周刊》的调查选用的是德尔斐法。在前期调查的基础上邀请城市规划、城市经济、房地产研究、建筑设计、生态研究等不同学科的专家学者进行指标筛选，最终确定了由3个一级指标，10个二级指标和56个三级指标的评价指标体系（表2-8，三级指标因版面所限未放入），涵盖城市住房、生态环境等内容；同时，选定国内处于不同经济发展水平的大、中、小城市（共31个）开展调查。

零点调查集团指标体系　　　　　　表2-8

指数	一级指标	二级指标
普通居民结合在城市生活的经历和主观感受，对于城市满足其生活需求的平衡性与完备性在各个纬度上的综合评价	居住空间：市民对目前个人及家庭的住房条件的主观感受评价	居住面积：个人对家庭人均居住面积的主观评价
		户型设计：个人对住房的采光、通风及私密性的主观评价
		新技术应用：个人对住房中节能、环保等新技术的应用的主观评价
	社区空间：市民对个人及家庭所居住的小区满意度评价	社区环境：个人对所居住小区的生态环境和人际关系的主观评价，下含6个三级指标
		社区管理：个人对所居住小区的相关管理的满意度评价，下含3个三级指标
		社区配套：对社区硬件设施和服务的满意度评价，下含4个三级指标
	公共空间：市民对所在城市满足其与居住、生活有关的各方面需求的主观评价	绿色生态环境：对城市自然生态环境的主观感受，下含3个三级指标
		城市规划：对城市各功能区分布、硬件设施条件的主观感受，下含3个三级指标
		城市人文环境：对城市文化的主观感受，下含5个三级指标
		城市经济环境：对城市目前经济发展水平及其未来潜力的主观感受，下含6个三级指标

（资料来源：参考文献[8]。）

3. 基于居民心理感受与城市实体混合的宜居城市构成系统

该类型的构成系统中，有些要素从居民心理感受出发，有些要素从城市实体组成出发，二者混合出现。其中典型的是中国城市科学研究会"宜居城市"课题组评价系统，数据也来自统计数据与居民调查两方面。

中国城市科学研究会原秘书长顾文选、副秘书长罗亚蒙等主持的"宜居城市"课题于2007年5月30日发布了宜居城市评价标准，其主要指标详见表2-9。其中大部分指标数据来源为统计数据，就是实体指标；另一部分数据来源于行政部门和居民调查。一些学者认为，该评价指标体系内容涉及过多，应进行精简以突出重点。

中国城市科学研究会"宜居城市"课题组宜居城市评价构成系统　　表 2-9

一级指标	二级指标	三级指标	四级指标
宜居城市科学评价标准	社会文明度	城市文明	科学民主决策、政务公开、民主监督、行政效率
		社会和谐	贫富差距（基尼系数）、社会保障覆盖率、社会救助、发案率和破案率
		社区文明	社区管理、物业管理、社区服务、扣分项目
		公众参与	阳光规划、价格听证
	经济富裕度	人均GDP	标准值：大城市4万元
		城镇居民人均可支配收入	
		人均财政收入	
		就业率	
		恩格尔系数	
		第三产业占GDP比例	
	环境优美度	生态环境	空气质量好于或等于二级标准，集中式饮用水水源地水质达标率、城市水域功能区水质达标率、工业用水重复使用率（%）、城镇生活垃圾无害化处理率、噪声达标区覆盖率、工业固体废物处置利用率、主要污染物排放强度、人均公共绿地面积、城市绿化覆盖率、加分项目
		人文环境	古今建筑协调、建筑与环境协调、城市特色和可意向性
		城市景观	城市中心区景观、社区景观、市容市貌
	资源承载度	人均可用淡水资源总量	
		水资源重复利用率	
		人均城市用地面积	
		居住用地面积	
		名特产资源	土特产数量、绿色食品数量、加分、扣分项目
	生活便宜度	城市交通	问卷调查：居民对城市交通的满意率、人均铺装道路面积、公共交通分担率、居民工作平均通勤社会停车泊位率
		商业服务	问卷调查：居民对商业服务质量的满意度、人均商业设施面积 抽样调查：居住区商业服务设施配套率、1000m范围内拥有超市的居住区比例
		市政设施	居民对市政服务质量的满意度、城市燃气管道覆盖率、有线电视网覆盖率、因特网光缆到户率、自来水正常供应情况、电力（北方城市包含热力）正常供应情况
		教育文化体育设施	九年制义务教育普及率、每万人拥有公共图书馆、文化馆、博物馆、纪念馆、科技馆数量 抽样调查：1000m范围内拥有免费开放体育设施的居住区比例、市民对教育文化体育设施的满意率、500m范围内拥有小学的居住区比例
		绿色开敞空间	抽样调查：市民对城市绿色开敞空间布局满意度、每10万人拥有免费开放式公园个数、拥有人均8m²以上公共绿地的居住区比例、距离免费开放式公园500m的居住区比例

续表

一级指标	二级指标	三级指标	四级指标
宜居城市科学评价标准	生活便宜度	城市住房	人均住房面积
			人均住房建筑面积 10m² 以下的居民户比例
		公共卫生	抽样调查：市民对公共卫生服务体系满意度、传染性疾病发病率、万人拥有病床数
	公共安全度	生命线工程完好率	
		城市政府预防、应对人为灾难的机制和预案	
		城市政府预防、应对自然灾难的设施、机制和预案	
		城市政府近三年来对公共安全事件的成功处理率	

（资料来源：参考文献 [9]。）

2.1.2 宜居城市构成系统确立

我们认为，构建宜居城市系统的出发点和原则很重要。宜居城市本质就是宜人居住、生活和发展的城市，人是主体。所以，我们强调"以人为本"的根本出发点，系统要素选择人的心理感受和城市实体构成有机结合，与国际接轨，更突出了我国城市环境和文化特色，科学性、可持续性、系统性和实践性也是我们重视的方面。

1. 宜居城市构成系统确立原则

（1）以人的需求为出发点

宜居城市的建设，就是要从人的需求出发来考虑城市的发展，所以，我们构建的城市整体宜居性构成系统以马斯洛的"层次需要论"为基础，结合世界卫生组织关于健康的四项标准"安全性"、"便利性"、"保健性"、"舒适性"，并将可持续理念融入其中，力求客观全面。

（2）表述与我国文化相结合

通过上面的分析，城市宜居性构成系统应该也一定是一个全面的系统。以上的构成系统出现了两个混乱，一方面构成系统因出发点不同，所选的构成要素产生混乱；另一方面是具体将分支要素归为哪一类时比较混乱。而我们的城市宜居性构成系统从命名到分支，均结合我国人民的生活习惯，如后面提到的城市宜居性中的幸福性以及将医疗条件归为舒适性中，就是考虑到我们说的舒适、舒服中就有无疾病的意思。

（3）实体评价与满意度评价相结合

心理评价和实体评价各有自身的优缺点。满意度评价的数据获取具有很明显的个体性，只有获得足够多的数据，得到的结果才能具有相应的代表性，但是数据量和获取难度是成正比的，要想得到全民的数据肯定不可能，所以一些以心理评价为主的宜居城市排行总是受到这样那样的非议。

实体评价数据的具体化和连续性是其优势，但是因为宜居城市是以人为本，以城市居民的感受为中心的评价，因而完全按照客观数据分析的结果往往跟现实中人们的感受大相径庭。同时，中国目前采集客观数据的科学性还不够，获取的数据有时与实际情况会有一定差距，能够全面反映一个城市整体情况的数据网络并没有形成，有些关于宜居城市评价的数据无从获得，这也给客观评价造成了一定的偏差。

（4）突出可持续性

可持续发展指满足当前需要，而又不削弱子孙后代满足其需要之能力的发展。显而易见，宜居城市的构成一定要包含可持续性。一个不具备可持续性特征的城市是不足以成为宜居城市的。

建立人与自然的谐共处、协调发展的关系是人类生存与发展的必由之路，也是构建宜居城市的必由之路。同样，在评价一切经济活动和社会活动时，不仅要考虑其经济价值，还要考虑其生态价值；不仅要考虑眼前的价值，还要考虑长远价值；不仅要考虑从自然中所得，还要考虑如何回报自然。

（5）强调与国际接轨

总的来说，西方国家对宜居城市的研究要先于我国，其经验和不足都会对我们的研究有所启示。宜居的目标一致，他们走的弯路，我们要尽量少走，他们的经验我们可以积极借鉴，这样，我们的宜居城市构成系统就会更加合理和完善。

2. 宜居城市构成系统确立方法与构成要素

（1）宜居城市构成系统确立方法

我们运用文献分析法、专家意见法等方法，根据以上五个原则，在对以上的城市宜居性评价系统以及宜居城市的相关理论进行综合全面分析的基础上，确立了宜居城市构成系统的五个子系统：安全性子系统、舒适性子系统、幸福性子系统、便捷性子系统、发展性子系统。运用系统分析法、综合分析法、逻辑分析法对各个子系统中的要素进行对比、精简、归类，构建了我们的城市宜居性构成系统（表2-10）。

宜居城市构成系统 表2-10

系统（A）	子系统（B）	要素（C）	
A 宜居城市要素构成系统	B_1 安全性	C_1 社会治安	社会治安
		C_2 灾害防御	自然灾害防御能力 人为灾害防御能力
		C_3 交通安全	交通事故
	B_2 舒适性	C_4 环境条件	污染治理
			景观绿化
			气候条件
		C_5 保健休闲	医疗条件
			游憩设施
	B_3 幸福性	C_6 生活质量	就业机会
			收入水平
			居住条件
			福利条件
			商业服务

续表

系统（A）	子系统（B）	要素（C）	
A 宜居城市要素构成系统	B_4 便捷性	C_7 基础设施	公共交通
			供水状况
			能源状况
			邮电通信
	B_5 发展性	C_8 经济发展	经济规模
			经济结构
		C_9 科教文管	教育条件
			科技水平
			文化条件
			规划管理

（2）宜居城市系统构成要素

①安全性

确保人的身体、生命、财产、活动等的安全性，形成安全感是一个城市作为宜居城市的重要条件。要使一个城市宜居，安全是基础。宜居城市的安全性表现在以下几个方面：

治安安全。治安是指国家通过法律、法规运用警察职能以及治安行政管理手段所建立起来的一种稳定安宁的社会秩序。社会的安宁有赖于良好的治安，一个城市的刑事犯罪率及居民对城市治安的满意程度都反应了一个城市的治安状况。

灾害防御安全。包括自然灾害的防御能力，人为灾害的防御能力。宜居城市对灾害的防御不仅体现在防灾设施的建设上，更体现在防灾意识的宣传及平时的灾害防御模拟演练等方面。

交通事故安全。近年来，我国的交通安全形势日益严峻，交通事故频繁发生，人员伤亡和财产损失惨重，交通事故造成的死亡人数占各种事故的90%以上，对人类的危害已远远超过了地震、洪水、火灾这些自然灾害。宜居城市必须克服这一障碍，采取各种措施减少交通事故的发生。

②舒适性

我们这里提到的舒适，就是指宜居城市要使人们舒服地居住，快乐地居住，健康地生活，主要体现在与人的健康密切相关的生态环境和保健休闲两方面。

生态环境舒适。现代城市化进程中产生的城市污染，如空气质量恶化，污染严重，水源安全性降低，环境硬化等城市环境问题，使得城市公众对良好城市生态环境的追求更为迫切。另外，良好生态环境还包括景观绿化、气候条件。

保健休闲条件舒适。影响健康的因素很多，不仅要有良好的生态环境，还要有足够的保健休闲设施和医疗条件。

③幸福性

生活幸福无疑是人们进行一切活动的动力。宜居城市应该是就业充分，收入足够，住房、商业服务、福利条件都满足人们的需求，这五个方面是相辅相成的，就业是前提，但安居才能乐业，社会福利、商业条件、收入水平也均与人们的生活水平密切相关。时下我国就业形势严峻，问题很多，城市中下岗人员多，再就业能力低，技能与社会需求不匹配等；而住房方面，房价居高不下，低收入者住房难，住房空间狭小，使得人们的生活氛围异常压抑；社会福利方面，国家正在进一步加大力度改善。保险公司等市场运作形式也相继引入，四险一金全面启动，对社会福利越来越重视；商业服务是一个城市重要的物流环节，通过建设一批大型商业设施，发展连锁、物流企业和便民商业，加快发展现代商贸服务业，不仅便利了人们的生活，同时也增强了中心城市功能。高水平的生活质量使人们幸福，它必然是宜居城市追求的目标。

④便捷性

便捷就是方便快捷，在我们的宜居城市构成系统中体现在以下三个方面：

交通便捷。一个城市生活的便利度最明显的体现就是交通等基础设施。基础设施要素不仅包括自身方面的内容，同时还应该包括相应的服务质量。

生活便捷。水电能，即作为城市生命线工程的重要方面的供水、供电、供气系统，无论从人们生活的基本需求角度，还是从城市系统的运行出发，都至关重要。没有水，人的生存就没有保障，而电力则是当今各行各业主要的运行动力，燃气也愈来愈重要地为人们的生活提供能源支持，在强调环保的今天，其取代燃煤已经是大势所趋。

通信便捷。数字化时代的来临让我们充分享受到了它在人们交往中的重要作用。首先，互联网、电话、邮政的便捷和高效的通信，把人们带入了知识经济的时代，使社会能够花费更少的资源，持续地获取更高的经济效益。特别是随着电子商务的出现，网上购物、网上交易已成为时尚。第二，网络对人的生活方式产生了巨大影响，在家不出门，能做天下事，如网上就诊、网上学校等，大大方便了人们的生活，同时也改变着人们的生活方式与行为习惯。第三，对科技进步的影响。国际互联网是一个相互交流的场所，利用其交互性，推动了世界科学技术的进步与发展。

⑤发展性

一个不能生机勃勃发展的城市，必将是一个死气沉沉的城市，而我们宜居城市中所提的发展不仅仅是城市经济的发展，更强调人的自身发展。

一个宜居城市应创造一种更利于人发展的条件氛围；教育、科技、文化、发展缺一不可。宜居的城市应该是一个学习型的城市，公众各阶层要不断进步，形成良好社会氛围。人的发展要素则涉及公众的道德素养、文化程度、精神面貌等各个方面的因素。

经济发展是宜居城市发展的重要方面，一个宜居城市不可能是空中楼阁，城市的经济系统高效运转与可持续发展，也是宜居的必要条件。

2.2 宜居城市评价的指标体系构建

2.2.1 宜居城市评价指标体系确立原则

1. 科学性原则

评价指标的选择必须建立在科学的基础上。指标体系要能较为客观地反映宜居城市的内涵和构成要素，并能较好地度量城市宜居性现状。同时，在科学的基础上要尽量简洁。

2. 系统性原则

所选择的指标尽可能覆盖城市人居环境的各方面，综合地反映影响城市人居环境宜居性的各种因素。

3. 针对性原则

评价体系的设计要以城市的宜居性为主旨，突出生活质量和居住环境，并注重相关影响因素，针对城市整体的宜居性进行考量。任何一个单位指标都应具有高度的概括性，能够准确、敏感地反映城市这一复杂巨系统最本质、最重要的特征。

4. 可操作性原则

选择的指标能够用数量来表达，同时还应注意数据来源的渠道。挑选易于量化计算、容易获取、可比性强的数据，以保证能够定量计算。尽可能选取政府公布的统计数据，以保证数据的可采集性。

5. 可比性原则

应尽量选择那些具有相对意义的指标，同时要注意被对比的指标在时间上应具有可比性，以便于对同一时间不同城市之间或不同年代间的评价结果进行对比分析。

2.2.2 宜居城市指标体系确立方法

前面已经提到我们的宜居城市构成系统，就是在宜居城市要素构成系统的基础上，从主观与客观两个角度，结合专家观点和我们的分析进行指标选取，确立宜居城市评价指标体系。

1. 构成系统与指标系统的关系

以构成系统为基础，一级名称一一对应，确立客观评价指标，同时确定主观评价指标，用"水平"、"度"区分一级客观评价指标与主观评价指标的不同性质，比如（构成系统）安全性——（客观评价指标）安全水平——（主观评价指标）安全度，对应关系详见表2-11：

宜居城市构成系统要素与主客观评价指标的关系对应表　　　表2-11

宜居城市构成系统要素	宜居城市客观评价指标	宜居城市主观评价指标
安全性	安全水平	安全度
舒适性	舒适水平	舒适度
幸福性	幸福水平	幸福度
便捷性	便捷水平	便捷度
发展性	发展水平	发展度

2. 宜居城市指标的选取

（1）宜居城市指标选取的专家调查

该研究主要应用德尔斐方法：首先，在初步研究的基础上征求专家意见，将初步的调查指标设计成表格;然后,请专家对框架性的指标体系进行重要性评判,回收专家问卷进行汇总,提出提高性的评判指标体系;之后,再将提高性的评价指标体系制成表格,再次请专家对提高性指标体系进行重要性评判,回收问卷进行汇总。通过这样的三次专家评判提升,最终确立宜居城市评价指标体系(表2-12)。

宜居城市客观评价指标系统　　　　　表2-12

一级指标 (准则层A)	二级指标 (领域层B)	三级指标 (指标层C)	四级指标 (子指标层D)
安全水平	城市安全	社会治安	刑事案件发生率
		灾害防御	通过对城市火灾、爆炸、建筑倒塌、公共场所安全等事件影响予以打分
		交通安全	人交通事故数(件/十万人)
舒适水平	环境条件	污染治理	生活污水处置率(%)、生活垃圾无害化处置率(%)、工业废水达标排放率(%)、工业固体废弃物综合利用率(%)、人均SO_2排放量(t/人)、人均烟尘排放量(t/人)、城市全年环境空气指数二级和优于二级天数比例(%)
		景观绿化	人均公共绿地面积(m²/人)、建成区绿地率(%)
		气候条件	年平均气温(℃)、年均降水量(mm)
	保健休闲	医疗条件	每万人拥有医院床位数(张/万人)、每万人拥有医生数(个/万人)
		游憩条件	代用指标(旅游人次)
幸福水平	生活质量	就业机会	城镇登记失业率(%)
		收入水平	居民人均储蓄年末余额(万元/人)、在岗职工平均工资(元)、居民人均可支配收入(元/人)
		居住条件	人均住宅开发投资额(元/人)、房屋均价(元/m²)
		福利条件	人均抚恤和社会福利救济(万元/人)、人均社会保障支出(万元/人)
		商业服务	单位就业人口中批发零售业、住宿餐饮业以及居民服务业就业比重(%)
便捷水平	基础设施	公共交通	每万人拥有公共汽/电车(辆)、人均道路铺装面积(m²/人)
		供水状况	人均家庭生活用水(m³/人)
		能源状况	居民人均生活用电量(kW·h/人)、燃气普及率(%)
		邮电通讯	固定电话普及率(%)、移动电话普及率(%)、互联网普及率(%)
发展水平	科教文管	教育条件	人均教育经费支出(万元/人)、高校数量(所)、高等教育在校生数(人)、普通中小学教师与在校生人数比例%
		科技水平	科学经费财政支出(万元)、单位就业人口中信息传输、计算机服务和软件业科学研究技术、服务和地质勘察业就业比重(%)
		文化条件	每百万人公共图书册书(册/百万人)、影剧院数(个)
		规划管理	缺项(目前尚无相应统计数据)
	经济发展	经济水平	人均GDP(元)
		经济结构	外商投资企业产值(万元)、第三产业产值占国内生产总值的比重(%)

(2) 宜居城市客观评价指标系统

我们的宜居城市客观评价指标旨在运用客观数据对城市的宜居状况作对比分析,里面的指标除几个特例外都是统计数据(主要来自城市统计年鉴),严格遵循以上提到的全面性原则、科学性原则、系统性原则、针对性原则、可操作性原则和可比性原则,通过对每一方面使用过的评价指标按出现频率进行排序,在此基础上特别结合近期一些学者针对宜居城市评价指标体系的研究,最终确定了5个一级指标,7个二级指标,23个三级指标以及45个四级客观评价指标(表2-12)。

(3) 宜居城市主观评价指标系统

我们的宜居城市主观评价指标体系同样是在宜居城市构成系统的基础上构建的。主观评价考虑到获取数据时主要是采取社会调查的方法,三级指标采用简明通俗的语言来表述专业问题,这样不仅提高了社会调查所获数据的准确性,而且也调动了居民参与调查的积极性,对推进城市宜居性调查也是大有裨益的。我们研究小组通过专家会议汇总观点以及多次的试调查,汇集居民意见,分析总结,不断完善其中的内容,得出了表2-13所示的宜居城市主观评价指标系统。

宜居城市主观评价指标系统　　　　表2-13

一级指标	二级指标	三级指标
安全度	社会治安	城市治安
	灾害防御	灾害发生
		灾害防控
		设施安全
	交通安全	交通安全
舒适度	环境条件	环境治理
		绿化条件
		气候条件
	保健休闲	医疗条件
		休闲条件
幸福度	生活质量	就业状况
		居民收入
		居住条件
		社会福利
		商业服务
便捷度	基础设施	市内交通
		供水状况
		能源供应
		邮电通信
		对外交通

续表

一级指标	二级指标	三级指标
发展度	科教文管	教育状况
		科技创新
		城市文化
		社会公平
		市民素质
		城市特色
		遗产保护
		政府管理
	经济发展	经济繁荣

2.2.3 宜居城市评价指标权重确定

1. 宜居城市评价指标权重确定的依据

（1）权重确定的主导思想

在宜居城市评价指标体系中，城市发展阶段不同，文化背景不同，各项指标对城市整体宜居性就会有不同的影响，反映在城市宜居性评价中就是其权重分配。系统下的同一级指标之间以及以下各个层次之间，权重都会有所区别。比如，当前我国属于发展中国家，勤劳朴素的传统文化、重发展轻享受的思想都是我们在确定权重时必须考虑的，切不可盲目照搬国外或其他一些不符合当前实际情况的体系，以免城市宜居性要素权重的赋予脱离现实。例如，国外发达国家看重享受方面的因素，而当前我国发展中的环境成本过高，那么我们在确定城市宜居性指标权重时就必须考虑我国的现实。

我们认为在城市宜居性评价中所选的指标都非常重要。但结合现实情况，一级指标取相等权重，二级、三级指标略分层次。

①重要点：安全性

当今城市中的安全问题不可小觑。"5·12"汶川地震再次提醒我们："安全问题无论何时都应摆在一切工作的首位。"虽然目前我国城市安全方面总体情况良好，工程质量问题、公共安全问题、自然灾害等方面也能得到相对有效的处理，但是问题依然存在。这一点做不好，宜居城市建设的其他四个方面就无法保证，安全性是宜居城市中的重中之重。

②基础点：舒适性和发展性

舒适性关系到城市整体和居民个人健康的问题，与人的生理需要密切相关，也是人和城市可持续发展的基础。同时，我国是发展中国家，快速发展依然是基础，幸福性、便捷性等都要以发展为基础。发展与人的事业密切相关，而中国人注重自己事业发展和下一代发展，尤其是下一代的教育。但我国当前发展的环境资源成本很高，是以牺牲个人的健康与未来发展资源为代价的。

③理想点：幸福性与便捷性

幸福性是与个人生活密切相关的，而便捷性又涉及城市的生命线，两者都很重要。现阶段我国人民的生活质量还不高，生活幸福不论何时都是我们所追求的。就业、住房以及基础设施方面应该是每个城市要解决的基本问题，而我国城市生命线工程还需加强建设。

（2）AHP法在权重确定中的应用

本次评价权重我们采用层次分析法（AHP）和打分法相结合。请多位专家对其中的指标进行问卷赋值。通过MATLAB6.5软件进行矩阵计算，并对结果进行有效性检验，反馈调整，求和平均，最终得到各项指标的权重。

计算方法为：$w_i = \dfrac{1}{n}\sum_{j=1}^{n} v_{ij}$

式中　w_i——第 i 个指标的权重，$i=1,2,\cdots,k,\cdots n$；

　　　v_{ij}——第 j 个专家对第 i 个指标赋予的权重；

　　　n——专家数。

权重见表2-14。由于四级指标是经过遴选、汇总、排序和多次讨论所得到的，每项指标都具有代表性，因此每项三级指标对应的四级指标均采用均一权重（城市宜居性评价AHP专家咨询表见附件Ⅰ）。

2. 宜居城市指标权重的说明

经过多轮计算及分析调整，我们确定的宜居城市权重情况见表2-14。结果显示，在现阶段，对于我国宜居性的影响，从权重角度来说，一级指标基本保持一致，即权重相等，和前面的分析基本一致，从二级、三级指标的权重分布来看，也符合实际情况。

宜居城市各级评价指标权重表　　　表2-14

一级指标	权重	二级指标	权重	三级指标	权重
安全性	0.20	城市安全	1.00	社会治安	0.50
				灾害防御	0.30
				交通安全	0.20
舒适性	0.20	环境条件	0.55	污染治理	0.60
				景观绿化	0.30
				气候条件	0.10
		保健休闲	0.45	医疗条件	0.60
				游憩条件	0.40
幸福性	0.20	生活质量	1.00	就业机会	0.30
				收入水平	0.25
				居住条件	0.20
				福利条件	0.15
				商业服务	0.10

续表

一级指标	权重	二级指标	权重	三级指标	权重
便捷性	0.20	基础设施	1.00	公共交通	0.36
				供水状况	0.23
				能源状况	0.23
				邮电通信	0.18
发展性	0.20	科教文管	0.60	教育条件	0.30
				科技水平	0.20
				文化条件	0.25
				城市管理	0.25
		经济发展	0.40	经济水平	0.65
				经济结构	0.35

2.3 宜居城市评价的主要技术方法

2.3.1 层次分析法

层次分析法（AHP）[10]是将与决策对象有关的元素分解成目标、准则、方案等层次，在此基础上进行定性和定量分析的方法。其特点是对复杂决策问题的本质、影响因素及其内在关系等进行深入分析，利用较少定量信息使决策思维过程数学化，为复杂决策问题提供简便的决策方法。

1. 层次分析法的基本步骤

（1）通过对系统的深刻认识确定该系统的总目标，理清规划决策所涉及的范围、所要采取的措施、实现目标的准则、策略和各种约束条件等。

（2）建立一个多层次的递阶结构，按目标的不同、实现功能的差异将系统分为几个等级层次。

（3）确定以上递阶结构中相邻层次元素间相关程度。通过构造两比较判断矩阵及矩阵运算的数学方法，确定对于上一层次的某个元素而言，本层次中与其相关元素的重要性排序——相对权值。

（4）计算各层元素对系统目标的合成权重，进行总排序，以确定递阶结构图中最底层各个元素在总目标中的重要程度。

（5）根据分析计算结果考虑相应的决策。

2. 在宜居城市评价中的应用

在城市宜居性评价中，层次分析法被广泛地应用于不同尺度的人居环境评价研究，主要用于确定不同指标的权重。

董晓峰（本书第一作者）在其硕士论文中曾用其开展城市形象评价研究，在专著《城市形象建设理论与实践——新世纪兰州》及论文《城市形象现状评价系统与实践》中对该方法进行了实证研究。[11]

李雪铭（2001年、2006年）采用这种方法评价大连市不同尺度的城市居住环境质量和归属感权重。首先以调查问卷的形式对大连市的居住小区进行调查获取数据；充分考虑评价因子的代表性和多层次性的特点，选取5项一级指标和25个单项指标建立评价指标体系；最后采用层次分析法确定各评价因子的权重，对大连市居住小区的归属感进行初步评价。[12]

2.3.2 主成分分析法

主成分分析（principal components analysis，PCA）也称主分量分析，通过降维来简化数据结构，是多元统计分析中一种重要的方法。主成分分析法通过多个指标的线性组合，能将具有错综复杂相关关系的一系列指标归结为少数几个综合指标 Xn （F_i），既能使各主成分相互独立舍去重叠的信息，又能更集中、更典型地表明研究对象的特征，还能避免大量的重复工作。[10]

1. 计算步骤

（1）计算相关系数矩阵

$$R = \begin{pmatrix} r_{11} & r_{12} & \cdots\cdots & r_{1p} \\ r_{21} & r_{22} & \cdots\cdots & r_{2p} \\ \vdots & \vdots & & \vdots \\ r_{p1} & r_{p2} & \cdots\cdots & r_{pp} \end{pmatrix}$$

公式中，r_{ij}（$i, j = 1, 2, \cdots, p$）为原变量的 x_i 与 x_j 之间的相关系数。

$$r_{ij} = \frac{\sum_{k=1}^{n}(x_{ki}-\bar{x_i})(x_{kj}-\bar{x_j})}{\sqrt{\sum_{k=1}^{n}(x_{ki}-\bar{x_i})^2 \sum_{k=1}^{n}(x_{kj}-\bar{x_j})^2}}$$

（2）计算特征值与特征向量

首先解特征方程 $|\lambda I - R| = 0$，通常用雅可比法求出特征值 λ_i（$i = 1, 2, \cdots, p$），并使其按大小顺序排列，即 $\lambda_1 \geq \lambda_2 \geq \cdots \geq \lambda_p \geq 0$，然后分别求出对应于特征值 λ_i 的特征向量 e_i（$i = 1, 2, \cdots, p$）。

（3）计算主成分贡献率及累计贡献率

主成分 z_i 的贡献率为：

$$\frac{\lambda_i}{\sum_{k=1}^{p}\lambda_k}(i=1,2,\cdots,p)$$

累计贡献率为：

$$\frac{\sum_{k=1}^{i}\lambda_k}{\sum_{k=1}^{p}\lambda_k}(i=1,2,\cdots,p)$$

一般累计贡献率达到85%~95%的特征值，对应第1、第2、…、m（$m \leq p$）个主成分。

（4）计算主成分载荷

$$l_{ij} = p(z_i, x_j) = \sqrt{\lambda_i - e_{ij}} \quad (i, j = 1, 2, \cdots\cdots, p)$$

进而得到各主成分的得分。

$$Z = \begin{pmatrix} z_{11} & z_{12} & \cdots\cdots & z_{1m} \\ z_{21} & z_{22} & \cdots\cdots & z_{2m} \\ \vdots & \vdots & & \vdots \\ z_{n1} & z_{n2} & \cdots\cdots & z_{nm} \end{pmatrix}$$

2. 在城市宜居性评价中的应用

主成分分析方法被广泛地应用于城市宜居性评价研究中，尤其在人居环境评价和城市竞争力评价方面，往往将主成分分析法与聚类分析法结合使用。一般，首先通过主成分分析方法计算出主成分得分，再利用聚类分析方法对城市进行分类，进而得出更明确的结论。

胡和兵、林逢春（2005年）主要应用主成分分析法对安徽省人居环境进行了评价。通过各城市的人居环境综合得分的比较，得出合肥市人居环境最优，各城市人居环境差别较大，全省人居环境整体较差的结论。并在各城市综合得分的基础上，将安徽省17个地级市的5个主成分得分乘以各自权重求得的综合得分作为聚类变量，进行分层聚类然后划分城市人居环境类型，进而提出改善建议（表2-15）。

安徽省城市人居环境类型 表2-15

	类型	城市
Ⅰ	人居环境优的城市	合肥
Ⅱ	人居环境良的城市	马鞍山、芜湖、安庆
Ⅲ	人居环境中的城市	铜陵、蚌埠、淮北、阜阳
Ⅳ	人居环境差的城市	淮南、六安、黄山、宿州、滁州、池州、巢湖、亳州、宣城

（资料来源：参考文献[13]。）

2.3.3 预警分析法

预警指对某一警素的现状和未来进行测度，预报不正常状态的时空范围和危害程度并提出防范措施，即预警是度量某种状态偏离预警线的强弱程度，发出预警信号的过程。

1. 预警分析步骤

预警分析过程与步骤主要包括明确警义、寻找警源、分析警兆、预报警度和排除隐患的完整过程（图2-1）。

2. 在城市宜居性评价中的应用

预警方法由于其超前性，在经济、防灾以及城市可持续发展研究等方面应用极为广泛。在城市宜居性评价中，预警方法主要用于城市人居环境研究，尤其在城市生态系统安全方面较为突出。

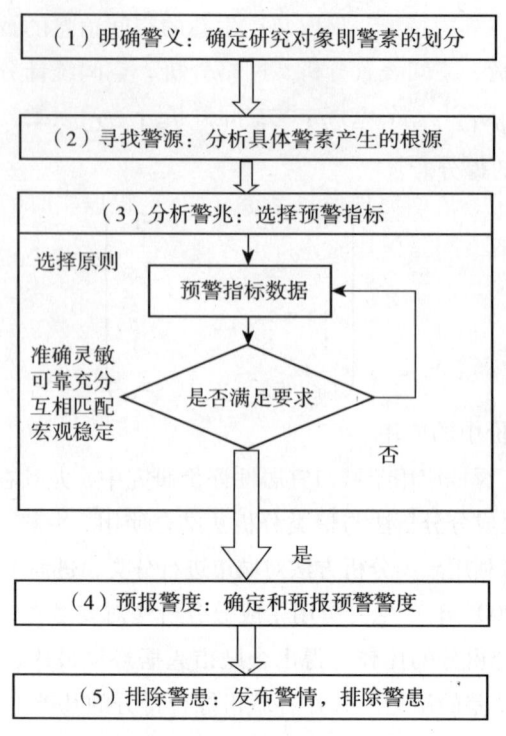

图2-1 预警的逻辑流程图

(资料来源：参考文献[14]。)

陈军飞，王慧敏(2005年)借鉴预警的理论和思想，将预警引入到城市生态系统可持续发展的研究中，探讨城市生态系统诊断预警的内涵及内容，构建了城市生态系统诊断预警指标体系及结构体系，为实施城市生态系统诊断预警的研究提供了框架基础，使城市生态系统可持续发展问题的研究从评价走向了预警。[14]

李娜(2006)采用预警原理，运用人工神经网络方法对兰州市城市人居环境各系统进行了预警研究，在预警分析的基础上，对兰州市城市人居环境可持续发展建设提出了几点优化建议，从而为城市规划、土地评价、景观规划、房地产开发等部门提供新的决策支持。

在人居环境宜居研究中，城市可持续发展的评价方法种类多样，一般都是对现状的描述，纵向比较较为简单。而预警研究重在对可持续发展度的评价，不仅从评价的角度进行了综合发展水平和协调度的研究，更重要的是提出了人居环境系统预警的思想，具有超前性，使可持续发展评价研究层次更加深入。

2.3.4 空间分析技术方法

遥感和地理信息系统(GIS)技术的快速发展，使得空间分析技术在城市研究中应用范围越来越广，特别是栅格数字模拟技术已成为研究城市问题的有效手段。

1. 主要特点

GIS空间分析是指以地理事物的空间位置和形态特征为基础，以空间数据运算、空间数据与属性数据的综合运算为特征，提取与产生新的空间信息的技术和过程。主要包括空间几何分析、缓冲区分析、空间叠置分析、网络分析、空间统计分析、影像分析和数据地形分析等内容。从技术方法上，又可将 GIS 空间分析分为两大类，即基于矢量数据的空间分析和基于栅格数据的空间分析。[15]

在城市宜居性研究中，借助地理信息系统（GIS）提取实时的客观数据，结合居民主观调查，利用 GIS 强大的空间分析功能，将主客观数据结合起来，是宜居性评价探寻的一种新思路、新方法。

2. 在宜居城市评价中应用

张文忠（2006 年）在北京宜居性评价研究中主要采用主观评价和客观评价相结合的研究方法，运用社会调查问卷获取主观数据，客观数据通过 GIS 栅格数据提取。社会问卷调查主要是对城市宜居性满意度的调查。在问卷调查分析时存在一些难以解释的结果，结论可能有失客观性，而通过对客观数据的分析可以对主观评价加以修正，使评价结果更客观、公正。[7]

在提取客观数据时，依托各类要素集成的北京数字城市要素平台，获得北京市行政区划、自然地理要素、土地利用、人口分布、道路交通、商业、医疗、文教与娱乐设施、公安和派出所等 GIS 以及北京市遥感影像资料。由于不同要素的数据来源不同，空间形态也存在差异。通过地理信息系统，采用空间分析技术（空间查询与测算、缓冲区分析、叠加分析和空间插值），最终使各类客观数据与问卷调查数据评价单元一致。

GIS 空间分析方法对空间数据的运算和分析是修正主观数据主观性过强，弥补统计数据缺乏人性化的一种有效工具。该方法的最大特色就是将评价对象的信息落实到了地域空间上，在对微观层面的城市居住区宜居性评价中尤为适用。

2.3.5 生态位方法

人居生态位表示了人与居住环境的相互关系，即通过环境因子来刻画人的特征（环境决定人的心理特征和生理特征等），从而可以通过人居生态位理论来研究人与居住环境之间的相互关系。[16]人类对环境因子都有一个适宜度阈值，如气温、空气中的含氧量以及人的心理对来自社会的各种压力的承受能力等等，人对它们都有一定的适宜范围。如果各居住环境因子处于这个范围值之外，人就不能正常生活。其人居生态位就会与适宜的生态位差距拉大。人居生态位是用来研究人类聚居环境适宜度的，或者说可以利用人居生态位对人的居住环境质量（宜人性）进行分类和比较研究。从而可以利用人居生态位理论对城市宜居环境质量进行评价，"n 维超体积"的定义为人居环境质量的定量评价提供了一种新的研究方法。

陈胜（本书第一作者指导的研究生）早在 2004 年硕士学位论文《生态位理论在城市人居环境质量评价中的应用》中就专门探讨了该方法在城市人居环境评价中的应用。

2.3.6 价值评价方法

宜居城市的评价中对具体城市宜居建设项目的效益评价向来是一个难点，下面的几个价值评价方法就是引自浅见泰司《居住环境评价方法与理论》一书，以居住环境为例来加以阐释，希冀能为城市宜居项目效益的评价提供新的思路。[6]

1. 直接支出法（DEM）

当居住环境恶化时，居民或企业为了减少恶化的影响会增加一定的支出，对增加的支出进行评价的方法称为直接支出法（direct expenditure method，DEM）。根据实际的支出原因，其又分为预防支出法（aversive expenditure method，AEM）；再生费用法（eplacement cost method，RCMr）。并且因环境变化的阶段不同，选择的阶段替代产品都在实际应用中有所变动。

2. 消费者剩余法（CSM）

消费者剩余指的是人们愿意为某种产品付出的最大代价的总和与实际上购买该种产品所支付的价格总和之差。一个宜居项目的实施成功与否与其生成的直接效益密切相关，消费者剩余法实际上说的就是消费者的心里承受价与市场价的相差空间，当然成功的宜居项目既可以通过提高居民的心理承受价格，亦可以通过相关政策的实施，调控市场价格。

3. 假想市场评价法（CVM）

假想市场评价法是通过问卷调查直接向产品的直接受益者询问愿付价格（willingness to pay，WTP）或愿得价格（willingness to accept，WTA）的方法。大体来说，假想市场评价法通常采用自由回答方式、价格博弈方式、价格选择方式、正反选择方式四种方式，不论哪种方式，都容易受到各种因素的影响。其更适用于被评价的对象比较特殊的情况。

郭剑英、王乃昂在论文《敦煌旅游资源非使用价值评估》中，探讨了该方法的应用。

2.3.7 数据包络分析模型

对于城市宜居性建设的绩效评价也可以采用数据包络分析（DEA）方法，就如汤宇曦、樊宏（2007年）在《基于DEA方法的东莞市和谐社会发展情况分析研究（1996～2005年）》一文中所做的尝试一样，[17] DEA模型对城市宜居性的发展状况评价有同样的作用。它的优点在于不用考虑各类数据的量纲影响。

用DEA衡量效率可以清晰地说明投入和产出的组合，比一套经营比率或利润指标更具有综合性并且更值得信赖。[18]其实质就是通过投入产出的对比，来进行各类投入的效应分析，评价城市发展某一阶段的实际工作成效。从而达到排除低效，走高效之路的目的。具体应用到评价城市宜居性建设效益来说更具有实际意义，可以排除低效的实施方向，利于抓住不同城市宜居性建设的重点。

参考文献

[1] 联合国人居环境署北京信息办公室，http://www.cin.gov.cn/habitat.

[2] http://www.chinachs.org.cn/index/index.htm.

[3] 周志田，王海燕，杨多贵. 中国适宜人居城市研究与评价[J]. 中国人口、资源与环境，2004（1）.

[4] 英国经济学家智囊团（课题组从该公司香港代理处购买到相关资料）. 全球城市最佳居住地评价, 2005.

[5] 《财富》杂志. 美国年度最佳居住地评价, 2005.

[6] 浅见泰司. 居住环境评价方法与理论［M］. 北京：清华大学出版社, 2006.

[7] 张文忠. 中国宜居城市研究报告［M］. 北京：社会科学文献出版社, 2006.

[8] 联合调查发布诚毅投资股份厦门有限公司《商务周刊》杂志零点研究咨询集团. 中国宜居城市排行榜［J］. 商务周刊, 2005（Z1）.

[9] http://news.xinhuanet.com/politics/2007-05/30/content_6175236.htm.

[10] 徐建华. 现代地理学中的数学方法［M］. 北京：高等教育出版社, 2002.

[11] 董晓峰等. 城市形象建设理论与实践［M］. 兰州：兰州大学出版社, 2002.

[12] 李雪铭, 刘巍巍. 城市居住小区环境归属感评价——以大连市为例［J］. 地理研究, 2006（25）.

[13] 胡和兵, 林逢春. 安徽省城市人居环境评价与分析［J］. 现代城市研究, 2005（10）.

[14] 陈军飞, 王慧敏. 城市生态系统诊断预警体系研究［J］. 城市问题, 2005（6）.

[15] 张超. 地理信息系统实习教程［M］. 北京：高等教育出版社, 2000.

[16] 吴鼎福. 人口的生态位与生态规范［J］. 南京师大学报（自然科学版）, 1995（3）.

[17] 汤宇曦, 樊宏. 基于DEA方法的东莞市和谐社会发展情况分析研究（1996~2005年）［J］. 五邑大学学报（自然科学版）, 2007（3）.

[18] 魏权龄. 数据包络分析［M］. 北京：科学出版社, 2004.

3

我国宜居城市评价探索

3.1 我国城市整体宜居性比较评价

3.1.1 我国城市宜居性评价研究比较分析

1. 建设部中国人居奖评选

建设部的中国人居奖评选是行政主导下以一定指标作为约束的专家评选。2001~2007年获得中国人居环境奖的城市和中国人居环境范例奖的项目分布情况见表3-1。中国人居环境奖共有10个省的城市获得，除2003年没有评选外，17个获奖城市几乎全分布在沿海省份，山东省有青岛市（2002年）、烟台市（2004年）、威海市（2005年）、日照市（2007年）共四个城市获该奖；江苏省扬州市（2004年）、张家港市（2006年）、昆山市（2007年）共三个城市获该奖；海南省三亚市（2002年）、海口市（2004年）两个城市获该奖；浙江省杭州市（2001年）、绍兴市（2006年）共两个城市获该奖；2001年广东深圳、辽宁大连、广西南宁、2002年福建厦门，除新疆石河子市外就连2007年的河北廊坊市也是近海城市，说明在现阶段我国人居环境建设沿海城市成绩突出。中国人居环境范例奖中也有同样的趋势，获奖数目达到十个以上的八个行政区中，除河南省、安徽省外，六个省属于沿海省份，山东省、江苏省同样雄踞前两位。[1]

中国人居环境范例奖获奖城市在各省市分布情况　　表3-1

	2001年	2002年	2003年	2004年	2005年	2006年	2007年	合计
北京	1	2	1	1	2	0	1	8
天津	1	1	1	2	2	3	1	11
山西	1	1	0	1	0	2	0	5
河北	2	2	2	0	1	1	0	8
上海	2	1	3	1	1	1	2	11
黑龙江	1	0	0	1	3	1	0	6
吉林	1	1	2	2	1	1	0	8
辽宁	0	1	0	1	2	3	2	9
山东	2	2	2	3	2	6	2	19
江苏	1	2	1	2	3	2	2	13
安徽	1	2	0	1	2	2	3	11
浙江	0	3	2	1	1	2	3	12
福建	2	1	2	2	2	2	0	11
江西	1	0	0	0	2	3	1	7
河南	2	2	1	1	2	3	2	13
湖北	1	1	2	0	1	2	1	8
湖南	0	1	0	1	2	2	0	6
广东	1	3	1	1	0	1	2	9

续表

	2001年	2002年	2003年	2004年	2005年	2006年	2007年	合计
广西	0	1	0	1	1	0	0	3
四川	2	1	1	2	1	1	1	9
重庆	1	2	1	0	1	0	1	6
新疆	1	2	2	0	0	2	0	7
西藏	1	0	0	1	0	1	0	3
宁夏	0	0	0	0	1	1	1	3
甘肃	0	0	0	0	1	0	1	2
云南	1	1	1	0	0	0	0	3
贵州	1	0	0	1	0	0	0	2
内蒙古	1	1	0	0	0	0	0	2
陕西	0	1	0	0	0	0	0	1
海南	0	0	1	0	0	0	0	1
合计	28	35	27	27	34	41	25	217

（资料来源：根据各年中国人居环境范例奖获奖情况整理。）

2. 零点集团和《商务周刊》的宜居城市评价

该调查是普通居民结合城市生活的经历和主观感受对于城市满足其生活需求的平衡性与完备性在各个维度上的综合评价，是一种基于主观数据的满意度调查。

表3-2是零点公司2005年公布的中国宜居城市排行情况，该项调查的实地工作于2004年底展开，使用多阶段随机抽样方式，针对北京、上海、广州、武汉、成都、沈阳、西安、济南、大连、厦门10个城市18~60岁的3212位城市居民进行了入户访问。

2005年零点公布的中国宜居城市排行　　　　表3-2

排名	城市	中选率（%）	排名	城市	中选率（%）
1	上海	22.8	6	青岛	6.3
2	大连	12.6	7	杭州	4.2
3	北京	11.8	8	桂林	3.9
4	广州	7.1	9	珠海	2.9
5	成都	6.5	10	厦门	2.8

（资料来源：参考文献［2］。）

2006年公布的报告中，市民给中国城市的总体宜居水平打了61.4分，宁波、厦门和成都位列宜居城市前三名（表3-3）。上海、北京和大连在城市包容性排行榜上排名最后三位，城市包容性排行榜中排名前三位的城市分别为三亚、成都和深圳。

由零点研究咨询集团与第一财经合作编制发布的报告称，中国城市的整体宜居水平偏低。在评价城市宜居性的三个一级指标中，社区空间得分最低，只有53.8分，未达及格水平；居住空间得分也是刚刚及格；相对而言，公共空间得分最高，但也仅达到65.3分。

2006 年公布的中国宜居城市排行　　　　　　　　表 3-3

排行	城市	排行	城市	排行	城市	排行	城市
1	宁波	6	深圳	11	天津	16	广州
2	厦门	7	青岛	12	南京	17	重庆
3	成都	8	桂林	13	大连	18	西安
4	苏州	9	珠海	14	杭州	19	北京
5	三亚	10	上海	15	昆明	20	武汉

（资料来源：参考文献 [3]。）

2007 年公布的年度调查系针对北京、上海、广州、武汉、成都、深圳、大连、济南等 39 个城市的近 4300 名常住居民进行入户访问，数据按各地人口规模予以加权处理所得。

研究结果显示，2007 年中国居民对城市总体宜居水平的评价为 65 分，较上年小幅提升近 4 分。在总指标中，中国公众对城市公共空间评价最高，其得分连续两年排在首位，居民居住空间则是最差一项。2007 排名情况见表 3-4。

2007 年公布的中国宜居城市排行　　　　　　　　表 3-4

排行	城市	排行	城市
1	厦门	6	青岛
2	杭州	7	昆明
3	上海	8	成都
4	深圳	9	珠海
5	宁波	10	苏州

（资料来源：参考文献 [4]。）

3.1.2 基于客观指标的国内城市宜居性评价分析

本次城市宜居性评价的目的就是通过我们的宜居城市客观评价指标体系的实际应用对我国城市的宜居性进行比较，分析我国城市宜居性的现状，了解我国城市在宜居各方面的实际对比情况和各个研究对象的优势劣势，为我国的城市宜居性建设提供依据。

所选指标参见表 2-12，选取原则参见第 2 章相关内容。

1. 城市的样本选择及数据来源

由于是初次研究，我们选择样本城市时，一方面考虑城市要有很强的代表性，另一方面，为使评价更为准确尽量选择统计数据全面完备的城市。

基于以上原因，我们选择以下 33 个城市作为研究对象，为了便于进行横向比较，各项数据的口径都统一采用市辖区数据。为消除城市规模的影响，我们对数据进行了进一步的处理，大多采用人均指标。

4 个直辖市：北京、上海、天津和重庆；3 个特点城市：大连、青岛、桂林；以及 26 个省会城市：石家庄、太原、济南、郑州、西安、兰州、银川、西宁、乌鲁木齐、成都、贵阳、昆明、武汉、合肥、长沙、南京、杭州、福州、南昌、广州、南宁、海口、哈尔滨、呼和浩特、长春、沈阳（拉萨因数据不全未放入）。

本次样本城市的数据来源于 2003 年、2004 年、2005 年《中国城市统计年鉴》和 2003 年、2004 年、2005 年《兰州年鉴》。

2. 评价计算方法

（1）数据的标准化[5]

①正向数据：$y_{ij} = \dfrac{x_{ij}}{\overline{x_j}}$

②逆向指标：$x'_{ij} = \max\limits_{1 \leq i \leq n} \{x_{ij}\} - x_{ij}$，$y_{ij} = \dfrac{x'_{ij}}{\overline{x'_{ij}}}$；

③适度指标：$x'_{ij} = \max\limits_{1 \leq i \leq n} |x_{ij} - k| - |x_{ij} - k|$，$y_{ij} = \dfrac{x'_{ij}}{\overline{x'_{ij}}}$，

正向指标代表该指标的变化与评价指数变化方向一致，即指标值越大评价越好；逆向指标指该指标的变化与评价指数变化方向相反，即指标值越小评价越好；适度指标指当该指标趋近于某一阈值时评价指数最高，即该指标愈趋近于阈值评价愈好。y_{ij} 代表第 i 个城市第 j 项指标的无量纲化指数，x_{ij} 代表第 i 个城市第 j 项指标的指标值，$\overline{x_j}$ 代表第 j 项指标的平均值。x'_{ij} 代表逆向指标的正向化值，$\overline{x'_{ij}}$ 代表 x'_{ij} 的平均值，k 为适度指标的阈值。

（2）结果的计算

①各子指标层之间评价函数：

$$C_j = \frac{1}{t} \sum_{i=1}^{t} D_i$$

式中　C_j——各子指标层分类指标评价值；

　　　D_i——各子指标层对应的指标标准化值；

　　　t——各子指标层对应指标的个数；

$j = 1, 2, \cdots, 23$。

②各指标层之间评价函数：

$$B_j = \sum_{i=n}^{m} C_i V_i$$

式中　B_j——各指标层分类指标评价值；

　　　C_i——B_j 分类下对应的分类指标评价转化值；

　　　V_i——各指标相应的权重；

　　　n, m——分类 B_j 下 C_i 指标下标序号。

③各领域层之间评价函数：

$$A_j = \sum_{i=n}^{m} B_i T_i$$

式中　A_j——各领域层指标评价值；

　　　B_i——A_j 分类下对应的指标评价转化值；

　　　T_i——各指标相应的权重；

　　　n, m——分类 A_j 下 B_i 指标下标序号。

④目标层与准则层之间的评价函数：

$$CL = \sum_{j=1}^{n} A_j W_j$$

式中　CL——城市宜居性评价综合评价值；

　　　A_j——各准则层的评价值；

　　　W_j——各准则层指标对应的权重；

　　　n——准则层内各指标的个数，$n=5$。

根据以上公式将指标数据层层处理，逐级计算后便得出样本城市整体宜居性评价结果。

3. 城市宜居性客观评价分析

(1) 直辖市优势突出，排名分析单独列出

数据显示（表3-5），四个直辖市中，上海、北京地位稳固，而且综合指数与其他城市差距较大，天津市也逐年提高，推断是由于本项评价是基于统计数据的宜居性综合评价，直辖市作为国家重点的区域发展中心，规模超过其他省会城市很多，城市化率高。重庆市的面积、人口居四个直辖市之首，现虽评价指数不高，但基于直辖市郊区范围小、国家政策倾向多，级别等同于地方各省，如果作城市间相对比较，恐有失偏颇。因此本次城市宜居性对比分析将以所选的29个城市（26个省会城市和3个特点城市）为主要对象，直辖市仅作参照。

直辖市综合以及各单项宜居排名情况　　　　表3-5

年份	城市	安全水平	舒适水平	幸福水平	便捷水平	发展水平	宜居综合指数
2003年	北京	6	2	1	3	1	1
	上海	31	20	5	1	2	2
	天津	17	30	16	15	7	16
	重庆	22	33	28	32	33	33
2004年	北京	5	11	1	1	1	1
	上海	27	20	4	4	2	2
	天津	16	25	12	23	8	17
	重庆	15	33	25	31	32	32
2005年	北京	6	3	1	2	1	1
	上海	10	11	3	1	2	2
	天津	12	26	11	23	10	13
	重庆	22	33	20	29	32	31

(2) 城市宜居性综合指数排名分析

从表3-6中分析，2003~2005基于统计数据的城市宜居性结果中，三年都处于前十位的是广州、大连、杭州、长沙、哈尔滨、南京。有两年在列的有，2003年、2004年的福州，2004年、2005年的青岛、昆明、合肥。成都、乌鲁木齐于2003年在列一次，济南

2005年在列一次。广州、大连位置稳定。

而且就前十位的纵向比较来说，广州的城市宜居性综合指数与后九位的差距较大。2003年广州为1.11，后九位处于0.92～0.99之间；2004年广州为1.09，后七位处于0.94～1.03；2005年广州为1.09，后九位处于0.92～1.01之间。但总的来说，虽然广东每年都高居榜首，优势明显，但是总的趋势是整体水平与广州之间的差距有所拉近。

城市宜居性综合排名前十位　　　　表3-6

2003年综合排名		2004年综合排名		2005年综合排名	
1	广州	1	广州	1	广州
2	大连	2	长沙	2	南京
3	福州	3	大连	3	大连
4	成都	4	哈尔滨	4	长沙
5	哈尔滨	5	青岛	5	济南
6	杭州	6	福州	6	昆明
7	乌鲁木齐	7	昆明	7	青岛
8	长沙	8	杭州	8	杭州
9	南京	9	南京	9	合肥
10	合肥	10	合肥	10	哈尔滨

（3）城市宜居性安全水平指数分析

从三年的全国城市宜居性安全水平比较来看（表3-7），贵阳、西宁、南京、济南、沈阳、武汉、兰州三年都居于前十位；西安、长春2003年、2004年两年都居于前十，2005年未入前十位；2004、2005年太原进入十甲；南宁2003年第十位，后两年跌出前十；南昌、石家庄2005年进入前十。

城市宜居性安全水平综合排名前十位　　　　表3-7

2003年安全水平排名		2004年安全水平排名		2005年安全水平排名	
1	贵阳	1	贵阳	1	西宁
2	西宁	2	西宁	2	贵阳
3	济南	3	南京	3	武汉
4	西安	4	济南	4	南京
5	南京	5	兰州	5	济南
6	沈阳	6	武汉	6	沈阳
7	长春	7	西安	7	南昌
8	兰州	8	长春	8	石家庄
9	武汉	9	沈阳	9	太原
10	南宁	10	太原	10	兰州

从纵向的比较来看，各个城市在安全水平方面差距不是很大。2003年安全水平指数最高的为贵阳0.59，处于第十位的南宁为0.54；2004年安全水平指数最高依然是贵阳0.56，处于第十位的太原0.52；2005年最高为西宁0.66，第十位的合肥为0.54。除2005年差距比较大外，2003年与2004年中前十位的城市安全水平指数差距很小。

总的来说，西宁、贵阳两个城市在安全水平方面地位稳固，不仅居于前十位，而且始终处于前两位。

(4) 城市宜居性舒适水平指数分析

城市舒适水平方面（表3-8），长沙、郑州、青岛、大连、银川、昆明三年都处于前十位；2003年、2004年都处于前十位的为南宁；2004年、2005年都处于前十位的为长沙、郑州、乌鲁木齐、广州、合肥。进入前十位一次的城市有2003年的成都位列第7位，2005年太原进入前十并位列第三。

从纵向比较来看，2003年长沙第一，舒适水平综合指数为1.22，位列第十的昆明为1.09，差距0.13。2004年银川第一，舒适水平综合指数为1.23，位列第十位的广州为1.07，差距0.16。2005年昆明第一，舒适水平综合指数为1.17，位列第十位的银川为1.01，差距为0.13。安全水平方面，几个城市之间的差距比较而言是较大的，其中长沙比较突出，连续三年都位于前三名。

城市宜居性舒适水平综合排名前十位 表3-8

2003年舒适水平排名		2004年舒适水平排名		2005年舒适水平排名	
1	长沙	1	银川	1	昆明
2	郑州	2	昆明	2	长沙
3	银川	3	长沙	3	太原
4	南宁	4	乌鲁木齐	4	郑州
5	大连	5	大连	5	大连
6	福州	6	合肥	6	广州
7	成都	7	南宁	7	乌鲁木齐
8	青岛	8	青岛	8	青岛
9	沈阳	9	郑州	9	合肥
10	昆明	10	广州	10	银川

(5) 城市宜居性幸福水平指数分析

城市宜居性幸福水平综合指数方面（表3-9），三年都位于前十位的为广州、昆明、杭州、长沙、成都、南京六个城市。2003年、2004年分别在列的为福州、哈尔滨，2004年、2005年分别在列的为青岛、大连。入列一次的城市为2003年的郑州、南宁，2005年的石家庄。

从纵向分析来看，2003年可以分为三个阶梯：1.20以上的是广州、昆明；1.10~1.20之间的是杭州、福州；1.05~1.10之间的有哈尔滨、长沙、郑州、南宁、南京、成都。2004年1.20以上的有广州、昆明、青岛；1.10~1.20之间有杭州、长沙、福州、成都、南京、大连；第十位的哈尔滨幸福水平指数为1.07。2005年广州与其他城市差距较大，分为三个阶梯，1.30以上的为广州，1.16~1.27之间有七个城市，最后的济南、青岛均不足1.10。

总体而言，广州的城市宜居性幸福水平指数优势突出，昆明、长沙、杭州位置稳固，幸福水平良好。

城市宜居性幸福水平综合排名前十位　　　　表3-9

2003年幸福水平排名		2004年幸福水平排名		2005年幸福水平排名	
1	广州	1	广州	1	广州
2	昆明	2	昆明	2	昆明
3	福州	3	青岛	3	长沙
4	杭州	4	长沙	4	成都
5	哈尔滨	5	杭州	5	大连
6	长沙	6	福州	6	杭州
7	郑州	7	成都	7	南京
8	南宁	8	南京	8	石家庄
9	成都	9	大连	9	济南
10	南京	10	哈尔滨	10	青岛

（6）城市宜居性便捷水平指数分析

城市宜居性便捷水平综合指数方面（表3-10），三年都位于前十位的是乌鲁木齐、广州、成都、大连、青岛、合肥。2003年、2004年均居于前十位的城市为哈尔滨；2004年、2005年均居于前十位的城市为长沙；2003年、2005年均居于前十的城市为南京、郑州。一年在列的有2003年的沈阳、2004年的西宁、2005年的银川。

城市宜居性便捷水平综合排名前十位　　　　表3-10

2003年便捷水平排名		2004年便捷水平排名		2005年便捷水平排名	
1	乌鲁木齐	1	乌鲁木齐	1	乌鲁木齐
2	广州	2	长沙	2	长沙
3	成都	3	大连	3	南京
4	哈尔滨	4	广州	4	广州
5	大连	5	哈尔滨	5	大连
6	合肥	6	成都	6	青岛
7	青岛	7	青岛	7	郑州
8	沈阳	8	西宁	8	成都
9	郑州	9	贵阳	9	合肥
10	南京	10	合肥	10	银川

从纵向分析来看，2003年的城市宜居便捷水平综合指数的前两位，乌鲁木齐1.44，广州1.37，差距不大，三~七位处于1.16~1.28之间，后三位便捷水平指数为1.03~1.05；2004年，第一位乌鲁木齐1.41，第五位哈尔滨1.20，第十位合肥1.09，以广州为界划分成两个阶段；2005年，乌鲁木齐1.20，第二~六位处于1.10~1.20，最后四位接近于1.00~1.10。说明我国城市基础设施方面差距逐渐拉近，乌鲁木齐基础设施建设居于全国前列。

（7）城市宜居性发展水平指数分析

城市宜居性发展水平综合指数方面（表3-11），三年都位于前十位的是广州、杭州、福州、大连、合肥、南京、哈尔滨。2003年、2004年均居于前十位的城市为武汉、沈阳。一年在列的为2005年的济南、青岛。

从纵向分析来看，2003年的城市宜居性发展水平综合指数明显分为两个层次，前四位武汉~广州发展水平指数为1.20~1.28，最后六位之间为1.00~1.11，而且两层次之间差距较大。2004年离散性较大，哈尔滨1.59，广州1.33，福州1.22，杭州1.17，后几名差距不大，第五位南京1.09，第十位大连0.97。2005年哈尔滨1.44，广州1.41，四~七位集中处于1.11~1.17之间，最后三位处于0.98~1.06之间，层次间差距较大。

城市宜居性发展水平综合排名前十位　　　　　　　表3-11

2003年发展水平排名		2004年发展水平排名		2005年发展水平排名	
1	广州	1	哈尔滨	1	哈尔滨
2	杭州	2	广州	2	广州
3	福州	3	福州	3	杭州
4	武汉	4	杭州	4	济南
5	合肥	5	南京	5	福州
6	大连	6	武汉	6	南京
7	南京	7	大连	7	合肥
8	沈阳	8	沈阳	8	武汉
9	哈尔滨	9	合肥	9	大连
10	济南	10	大连	10	青岛

总的来看，我国宜居性综合指数不均衡，每个城市都有其优势与不足。除安全外，其他四项的层次比较清晰，很明显地说明各个城市经济、教育、科技方面现阶段的距离在拉近，但仍然存在。宜居城市建设更需要不同的城市间共同的协调合作。

基于客观数据的城市宜居性评价能够理性地反映我国城市整体的宜居性状态。这一评价以城市人居环境为主旨对象，以城市宜居性为核心主题，以审慎缜密的指标体系为指导，以权威数据信息为评价基础信息等综合而成，是对我国目前城市总体宜居性的理性测算。

通过综合性评价能够探寻宜居性城市的地域空间规律以及影响城市宜居性提升的因素

等。这种评价可以避免主观评价的"感官失灵",客观地反映事实,同时又不限于对他人研究的依赖。

尽管如此,任何事物都有其局限性,客观评价在对一些难以定量化的软指标还难以测评,其研究中待用指标不全,如城市流动人口、安全性指标融入不够,致使一些城市排名可能不合实际,比如珠三角的广州、深圳等城市经济发展迅速,但当地社会治安状况混乱,流动人口密集,如果指标全面,这样的城市在城市宜居性评价中必将大打折扣。

3.1.3 我国城市宜居性的特性分析

1. 宜居城市的地域性

宜居城市的地域性是指城市所在地域的自然生态系统、文化要素、经济发展和社会结构等影响城市宜居性的要素之间的特定关联。首先,宜居城市自然环境的地域性表现为不同的地域有不同的自然环境,如地形地貌、地质水文、气候条件、光热条件、风向、植被、环境色彩与色调等。城市人居环境应当适应地区的自然环境要求,南方城市有南方城市的特色,北方城市有北方城市的特点,内陆城市和沿海城市也存在很大的差异。各个地方城市的建设因地制宜,利用当地自然环境所赋予的地形条件、气候条件等进行整合,自然而成。

其次,宜居城市的地域性表现在城市的历史文化环境上。不同的地域有着不同的发展历程、社会制度、风俗文化、历史风貌等,即城市文化上的差异性。比如我国不同区域有着独特的地域性历史文化,如江浙的吴越文化、西北的秦汉文化、山东半岛的齐鲁文化、港粤的岭南文化、西南的巴蜀文化等。不同的文化背景下的城市宜居文化也是迥然有别的。

再次,宜居城市的地域性表现在城市的社会经济环境上。我国区域经济发展水平差异很大,基本上由东部向中部、西部呈梯度下降,南方经济比北方繁荣。经济又是城市社会和谐、消除贫困、提供充分就业机会以及丰裕物质条件的保障,是宜居城市重要的支撑基础。

地域性差异还体现在城市的自然、文化、经济、社会等各个方面。地区差异在宏观的大区域空间中存在,在城市的内部也存在。一个城市的某个城区可能不宜居,但其他城区可能是宜居的,或者说一个城市的宜居性在空间上程度不一。

2. 宜居城市的动态性

宜居城市的动态性又称历史性差异,一个城市今天不宜居,不等于昨天它不宜居,也不等于明天它不宜居。从历史的角度看城市发展,动态性是根据城市的自然系统—经济系统—社会系统的变迁而动态变化的。一个城市或许以前生态环境优美,经济富庶,社会秩序稳定,就那个时间段来说,它是宜居的。但是经过岁月的考验后,城市经济凋敝,生态遭破坏,社会混乱,或说城市经济的繁荣是建立在生态灾难上的,这说明宜居的城市是动态的,是随着时间变化的。那些繁荣经济建立在空气中浓密的污染颗粒物上的城市,现在肯定不是宜居城市,但是如果人类认识到可持续人居环境的重要性,通过技术手段或改变发展方式来实现生态环境整治和城市自然、经济、社会的良性循环发展，那么这类城市在未来也是可以实现宜居理想的，因而宜居城市具有动态特性。

我国的城市发展历史很好地诠释了宜居城市的动态特性。华夏文明的发祥地黄河中上游地区在中国奴隶社会整个历史阶段和封建社会的很大部分历史时段（隋唐以前）一直是人类聚居地。当时这一地区植被茂密、沃野千里、经济繁荣，是中国政治、经济、文化的中心，黄河中上游城市也是最宜居的。随着历史的迁移，政治经济文化中心东移，隋唐后中原地区成为中国区域中心，这一地区的城市成为当时最宜居的城市。然后是封建社会后期的（元、明、清）华北地区京畿一带成为宜居城市的集中区域。其实在中国的城市发展史上，被称为鱼米之乡的文化浓郁的江南地区一直是一个比较适宜居住的地区，尽管江南并没有长时间作为中国的政治中心，但是重商文化下活跃的经济、浓郁的文化气息、水乡宜人的气候条件等使得江南地区成为适宜人类居住的地区之一。其小桥流水、园林小品式的栖居环境至今为人津津乐道，而且这种宜居态势一直延续到今天，如今长江三角洲地区仍是我国经济最富庶、城市最密集、人居环境最好的地区之一。

新中国成立后，我国城市经历了一段迟缓曲折的发展。1978年改革开放后，城市迎来了发展的春天，毗邻港澳的珠江三角洲地区开风气之先，借助良好的区位条件、优惠的政策扶持和较低的成本优势，城市迅速崛起。20世纪90年代以来，环渤海地区的山东半岛、辽东半岛地区城市逐渐成为人居环境建设的典范地区，尤其是山东半岛建成了中国唯一获得联合国人居奖和中国人居奖的地级城市群。中国政府西部开发战略实施后，西部城市借力于政策扶持迈入快速发展的轨道，地处西南板块的巴蜀地区城市如成都、重庆等，在持续发展经济以及良好生态环境推动下，人居环境建设成为西部地区的典范。

3. 宜居城市的相对性

组织行为学家马斯洛的需求层次理论揭示出人类在生命中不同阶段追求的目标是不断提升的，延伸一下讲，社会中的不同阶层的人的需求是有差异的。生活在城市中的人群是有差异的，这是最重要的一个特点，不同的年龄、性别的人群和不同的社会阶层，对宜居的理解不同，对宜居的感受也不同，因而宜居或不宜居有明显的人群差异。

在熙来攘往、车水马龙的城市中有一套属于自己的居所，一份稳定的工作，对于一般老百姓而言其生理需求和安全需求得到满足，便会觉得城市宜居了。但是，对于中高收入群体良好的居住环境未必是宜居的全部，社会交往的尊重，事业上自我价值的实现等，都是影响宜居城市的因素。有些中小城市可能对老百姓是宜居的：就业率高，生活费不贵，交通不拥挤，空气也好；可对中高收入群体来说，城市规模小，生活缺乏品位，不利于发展，则未必宜居。所以宜居城市，一定要满足不同人群对宜居的差异性要求，认识到一个城市适宜的人群是不完全相同的，然后确定不同的发展和建设规划。评价一个城市是不是真正的宜居城市，重点应看它是不是让居民整体感受到宜居。全体居民满意了，这个城市就宜居了。

3.2 基于主成分分析的山东半岛城市宜居性比较评价

3.2.1 山东半岛城市群概况与人居环境分析

1. 山东半岛城市群概况

山东半岛城市群以济南、青岛为中心,包括烟台、潍坊、淄博、东营、威海、日照八个城市,面积7.3万 km^2,人口密集,经济比较发达。截至2006年,人口3990.17万,地区生产总值14003.73亿元,占山东省的64.1%,人均地区生产总值35095.58元,在山东省乃至环渤海地区经济社会发展中具有举足轻重的作用。山东半岛自然资源丰富,有57种矿产资源居全国前10位,海岸线长2930km;区位条件优越,北邻京津冀城市群,面向辽中南城市群,背靠沿黄(河)经济带,是黄河下游地区的主要出海门户,与朝鲜半岛、日本列岛隔海相望;交通发达,胶济铁路横贯东西,高速公路四通八达,港口密布;文化教育发达,智力资源密集(集中了山东省80%的智力资源)。[6]

2. 山东半岛城市群人居环境分析

该区域人居环境优越,除上述经济优势、区位优势、文教优势外,还表现在:

(1) 自然条件优越

山东半岛有漫长的海岸线,阳光、沙滩、海水景观较好。山东半岛海岸的海滩、阳光、海水和园林景观等要素完美结合,加上海洋性气候,居住环境非常好,为建设宜人的居住环境奠定了良好的生态基础。

(2) 城市空间结构合理

独特的地理结构造就了山东半岛城市自然形成组团式的城市形态,没有出现"摊大饼"的现象,这是非常好的发展基础。半岛沿海城市如青岛现在的城市形态就是组团式结构,城市风貌保护较好,烟台、威海等城市的环境也都比较好。省会济南作为历史文化名城,人文景观和自然环境破坏较为严重,但近几年城市生态修复和历史遗产保护工作正逐步受到重视。[7]

(3) 齐鲁文化积淀深厚

山东是中华文明发祥地之一,春秋战国时的齐国、鲁国位于今山东境内,因而又称"齐鲁之邦",并由此形成了独具特色的齐鲁文化,在中国传统文化中占有重要地位。众多杰出人士出自"齐鲁之邦",如中国古代伟大的思想家、教育家、政治家"文圣"孔子就诞生在今天的曲阜市,其创立的儒家学说成为中国传统文化的支柱;中国古代著名军事家"兵圣"孙武出生于今天的广饶县,其所著的《孙子兵法》几千年来一直是影响着世界军事和商业的经典之作。众多的历史文化遗迹和深厚的人文底蕴无疑是满足人们日益增长的精神文化需求的最重要源泉。[8]

(4) "平安山东"、"文明山东"、"诚信山东"促进社会和谐稳定

山东省2004年开始在全省组织开展"平安山东"建设活动,从治安安全、经济安全、公共安全、经济安全等多层面切入。积极推进社区警务战略和网格化巡访等警务机制;运用科技手段建立安全防控网络;积极解决就业、社会保障等关系社会秩序稳定的各种问

题，创造了经济社会协调发展、治安秩序持续稳定、人民群众安居乐业的良好社会形势。2005 年国家统计局的一项调查表明，山东群众对社会治安的满意率达 95%。[9]

(5) 城市人居环境建设成效突出

山东省各地市十分注重社会经济与资源、环境健康协调发展，着力于实现经济社会的可持续发展生态省建设成效显著，截至 2005 年底，全国命名的 47 个环保模范城市中，山东省有青岛、烟台、威海、潍坊、日照、东营以及胶州、胶南、莱西、莱州、招远、蓬莱、荣成、文登、乳山 15 个城市位列其中，约占总量的 1/3。人居环境建设成效突出，逐步形成具有地域特色的人居文化，青岛（2002 年）、烟台（2004 年）、威海（2005 年）、日照（2007 年）先后获得中国人居环境奖，威海（2003 年）、烟台（2005 年）分别获得联合国人居奖，是我国目前唯一的一个"人居奖"城市群。

3.2.2 山东半岛城市群宜居性主成分分析评价

1. 评价基本指标体系构建

主成分分析方法的突出特点是在基本评价指标体系中通过具体评价对象的数据关联性计算，选出指导性要素作为评价的真正指标构成系统。故评价基本指标体系的构建是该方法应用的基础。

城市宜居性指标体系是描述和评价城市人居环境适宜居住的可度量参数的集合。通过构建城市宜居性指标体系，可以对城市人居环境的建设状况作出客观评价，可以进一步分析城市人居环境质量的差异，也可以预测和确立宜居城市规划建设的目标，从而使宜居城市规划建设的内容更加具体。

(1) 指标体系构建的原则

城市宜居性评价指标体系应能全面反映城市人居环境的特征，又要具有一定的可比性和可操作性。因此，设计指标体系时应遵循：①针对性原则；②可比性原则；③全面性原则；④可操作性原则。

(2) 指标体系的构成

按上述原则，参考国内外的相关研究，并征求多位城市研究专家的意见，结合山东半岛城市群发展实际情况、数据的可获取性及主成分分析方法的特点，本研究特将第 2 章中宜居城市客观评价指标系统（表 2-12）修定为城市居住条件、城市生态环境、城市经济水平、城市社会文化和城市基础设施水平五大综合指标，29 个单项指标（图 3-1）。因为城市社会安全因素数据很难获取，无法量化评价，故本研究暂未将其列入。

2. 山东半岛城市群宜居性的主成分分析评价

(1) 数据来源与运算

为了反映山东半岛城市群整体宜居性水平，选取山东省 17 个城市作为评价基础样本，重点分析半岛城市群 8 个城市的宜居性水平。评价数据选自《2006 中国城市统计年鉴》、《2006 山东省统计年鉴》和《2006 山东省环境公报》。

运用 SPSS 13 for windows 软件中主成分分析模型方法对数据进行处理。

(2) 主成分因子系统的确立

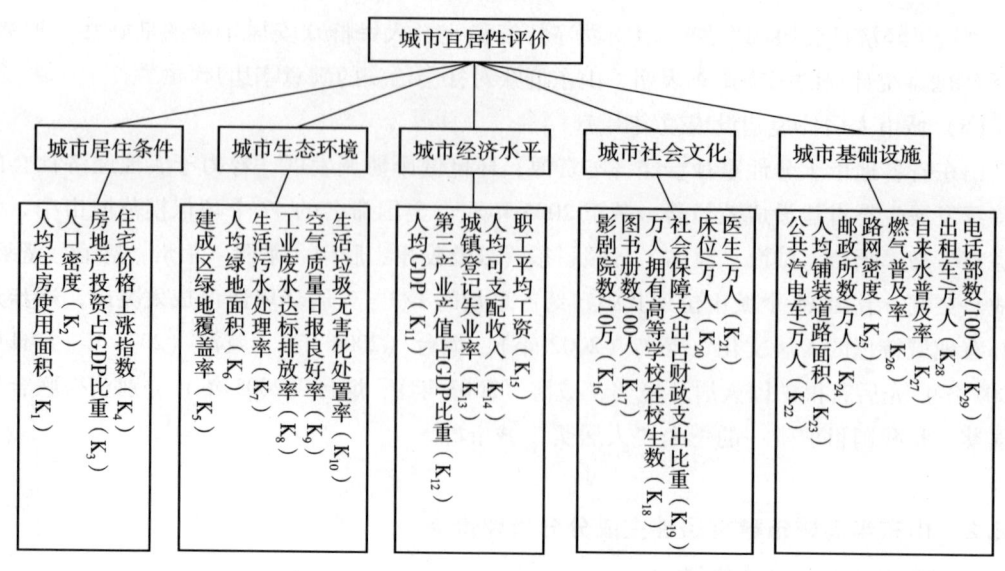

图3-1 山东半岛城市宜居性评价指标体系

由表3-12分析可知,第一主因子的贡献率最大,为32.427%,其中人均绿地面积(0.681)、工业废水达标排放率(0.891)、第三产业产值占GDP比重(0.776)、城镇登记失业率(0.671)、在岗职工平均工资(0.661)的载荷相对较高,说明城市生态环境和经济水平是影响山东半岛城市宜居性的首要因子。

特征值及主因子贡献率　　　　表3-12

变量	特征值	贡献率(%)	累计贡献率(%)
第一主因子	9.404	32.427	32.427
第二主因子	3.905	13.465	45.891
第三主因子	2.92	10.07	55.961
第四主因子	2.57	8.862	64.824
第五主因子	2.145	7.397	72.221
第六主因子	1.62	5.585	77.806
第七主因子	1.519	5.236	83.042

第二主因子的贡献率为13.465%,100人拥有图书册数(0.775)、万人拥有医院床位数(0.624)、建成区绿地覆盖率(0.518)的载荷相对较高,综合反映了影响宜居性的城市文化和医疗因子。

第三主因子的贡献率为10.070%,可将其归为影响宜居性的城市居住因子。

第四、五主因子的贡献率分别为8.862%、7.397%,城市居住条件和基础设施是其主要的反映内容。

第六、七主因子的贡献率为5.585%、5.236%,主要反映影响宜居性的城市社会保障和公共卫生水平。

在上述分析的基础上,现对山东省17个城市的宜居性进行综合评价分析,运用数据处理产生的七个主因子,加权计算每个城市的宜居性综合得分,其中的权重为各个主因子的贡献率,基于因子分析法的城市宜居性综合得分计算公式为:

$$L = 0.32427 \cdot f_1 + 0.13465 \cdot f_2 + 0.1007 \cdot f_3 + 0.08862 \cdot f_4 + 0.07397 \cdot f_5 \\ + 0.05585 \cdot f_6 + 0.05236 \cdot f_7$$

其中 $f_1, f_2, f_3, f_4, f_5, f_6, f_7$ 表示样本城市在主因子上的得分。得分大于0的表示城市宜居性在平均水平以上,小于0的则低于平均水平。经计算得到各样本城市七个主因子得分及综合得分,城市排序及比较情况见表3-13。

(3)运算结果与排序

城市排序及分值　　　　　表3-13

城市	分值	名次	城市	分值	名次
青岛	0.8938	1	日照	-0.1139	10
东营	0.6103	2	聊城	-0.1278	11
威海	0.5158	3	潍坊	-0.1366	12
烟台	0.2445	4	枣庄	-0.311	13
济南	0.1362	5	莱芜	-0.329	14
德州	0.1207	6	济宁	-0.3632	15
临沂	-0.0098	7	泰安	-0.3909	16
淄博	-0.0657	8	菏泽	-0.6039	17
滨洲	-0.0694	9			

3. 主成分分析效果分析

山东半岛城市群的宜居城市建设整体成就有目共睹,而且城市之间的差异也比较明显,有一个较清晰的、定性的分级,这就为我们验证主成分分析方法评价结果的合理性提供了较好的依据。这也是我们选择以山东半岛城市群的城市宜居性评价来试验主成分分析方法应用的主要原因。

(1)山东半岛城市群的城市宜居性定性评价

山东半岛城市宜居性最好的是青岛和威海,其次为东营和日照,济南、烟台、潍坊和淄博位列第三。综合以往的宜居评价研究结果和半岛地区城市宜居现状,可以将半岛城市群宜居现状划分为三个层级:第一层级为青岛、威海,第二层级为东营、日照,第三层级为济南、烟台、潍坊、淄博。

① 整体宜居质量第一层级地区(青岛、威海)

该层级区经济发展水平较高,整体宜居质量一直名列全省前茅。生态建设与环境保护成绩显著,居于山东半岛首位。

青岛市是山东省经济中心,具有良好的经济基础,市民生态环境保护意识较好。经过长期的生态环境保护与恢复,宜居环境建设取得了明显成效。威海于2000年获得联合国颁发的"迪拜国际改善人居环境最佳范例奖",宜居建设成就举世公认。

② 整体宜居质量第二层级地区（东营、日照）

本区面积占半岛地区的17.91%,人口占半岛地区总人口的11.65%,国内生产总值占区域的9.74%,人均GDP高于半岛地区的平均水平,宜居质量总体较好。

近几年通过植树造林、水土流失治理、生态示范项目建设等项目的实施,区域生态环境质量进一步优化,大气质量、近岸海域水质、饮用水源水质稳定在优良水平,保持了"蓝天、碧海、金沙滩"的环境优势。

③ 整体宜居质量第三层级地区（济南、烟台、潍坊、淄博）

济南市是山东省的经济和政治中心,其经济发展还未从根本上摆脱粗放型的增长方式,能源结构以煤炭为主,产业结构和城市布局不合理,技术和管理水平相对落后,结构性污染仍较严重。

烟台市则面临农业面源污染、植被破坏、水土流失、地面沉降和塌陷、海水入侵、滩涂破坏和山地挖掘等问题,宜居建设任重道远。

潍坊市位于山东半岛中部,近年来经济发展取得了显著成就,但整体宜居性仍然存在较大缺陷。

淄博经济基础雄厚,但环境污染较为严重。该市是山东省重要的重工业生产基地,有山东"燃化工业中心"之称。作为一个依赖资源开发起步、以重化工业为主的工业城市,长期开发导致环境污染严重,城市整体宜居质量不高。

（2）主成分分析结果与定性评价结果的对比

① 两种分析结果大致趋势一致

在主成分分析中,山东半岛城市群整体宜居性较高,明显优于省内其他城市。由表3-13可见,在综合得分大于0的6个城市中,半岛城市群占据83.33%的份额,第6位德州是唯一的一个非半岛城市群。而在宜居性低于山东全省平均水平的城市中,非半岛城市群城市占到72.73%。

同时,半岛城市群宜居性排名为青岛、东营、威海、烟台、济南、淄博、日照、潍坊,该结果与定性评价结果基本一致,无太大差异。定性分析中,第一层级为青岛、威海,第二层级为东营、日照,第三层级为济南、烟台、潍坊、淄博。而定量分析中,第一层级为青岛、东营,第二层级为威海、烟台、济南,第三层级为淄博、日照、潍坊。

通过两种分析结果的对比可以看出,主成分分析结果与定性分析结果趋势大体一致。由于山东半岛海岸的海滩、阳光、海水和园林景观等要素完美结合,加之海洋性气候,为宜居环境建设奠定了良好的生态基础。同时,威海、烟台、青岛是我国迄今为止唯一获得过"联合国人居奖"和"中国人居奖"的地级市城市群,说明山东半岛地区是我国人居环境质量较好,宜居性较高的少数地区之一。

② 主成分分析评价效果

通过两种分析结果的对比分析,主成分分析结果更加客观。由于主成分分析方法建立在众多对城市宜居性产生影响的评价指标之上,因此其评价基础更加全面。同时,该方法通过运算自动筛选出与城市宜居性直接关联的因子,同时确定其重要性,因此评价结果更加科学、清晰。

定性评价重视的仅是人的主观感受，而人们感受最深刻的一般是居住环境。感受度仅仅是一种粗略、宏观的感觉，无法体现出差异性。因此，定性评价并不能全面、具体、准确地反映出山东半岛城市的宜居性。

（3）结论

通过以上对山东半岛城市群宜居性的实践研究，我们能够更加具体清晰地区分出与城市宜居性相关的主要因子，各个主因子中因素贡献率的大小则有利于我们判断直接影响城市宜居性的因素。

环境和经济是目前国内关注的主要问题，通过本研究分析可以看出，生态环境和经济水平因子与城市宜居性关联最强；城市文化和医疗与市民的生活直接相关，在评价中其重要程度仅次于第一因子；在我国，居住问题和基础设施逐渐得到改善，市民对居住问题期望较高，评价中城市居住条件和基础设施也有较大的影响；相比之下，社会保障和公共卫生水平的比重较小，这也与我国国情相符，由于我国民众对社会保障和公共卫生水平期望值较小，因而相关工作还有待改善。

由此可见，主成分分析方法在城市宜居性评价中是可行的，其分析结果与客观实际情况基本一致，而且比后者更为科学、详尽，更有实际指导意义，值得在今后的研究中推广应用。

3.2.3 山东半岛城市群城市宜居性提升面临的挑战与对策

1. 进一步协调解决经济发展与资源环境的矛盾

目前，半岛城市群正处于工业化、城市化快速推进阶段，经济增长仍是发展的主基调，生态效益和社会效益居于次要地位。城市生态环境的恶化势必会增加发展的成本，进一步限制经济的健康发展。半岛城市群工业化加速（半岛加工制造业基地建设），人口向城市迁移，也会成为城市群社会经济持续发展的潜在制约因素。[10]

20世纪90年代以来，半岛地区经济步入了快速增长的轨道，十几年来地区经济以年均接近20%的速度递增。经济的高速增长增强了本地的经济实力，提升了区域竞争力，带动了山东省域经济的发展。但是半岛城市群经济质量不高，以投资拉动高能耗重化工仍是半岛地区经济的主要特征，效率低下的经济增长和资源约束、生态环境保护的矛盾，将长期存在并日趋尖锐。经济发展模式背离了建设资源节约型、环境友好型的新型工业化道路。

产业结构不合理（表3-14），层次较低。半岛地区正在进入工业化中期阶段，2006年底三产结构为9.8∶58.2∶32.0。[7]第一产业地位不牢固；第二产业自主创新能力弱，功能不强，缺乏整体带动性，以高能耗、高耗材为特征的传统工业占据很大比重；第三产业发展迟缓，与沿海其他省份差距较大，尚未形成高效、便捷、健全的社会服务系统。这种大量耗费资源的重化工经济对当地生态环境造成巨大压力，过分倚重重化工业限制了第三产业发展，削弱了第一产业的根基，粗放式的发展与资源环境产生尖锐矛盾。

山东与其他省份产业结构比较（%）　　　　　表3-14

省份	第一产业	第二产业	第三产业
山东	9.8	58.2	32.0
广东	6.1	51.7	42.2
浙江	5.9	53.9	40.2
辽宁	10.5	51.0	38.5
福建	11.8	49.8	38.4

（资料来源：参考文献[11]。）

2. 加大生态环境保护与优化的力度

经济发达、城镇和人口密集的城市群也是生态环境容易受到破坏的地区。环境污染日趋严重，基础设施重复建设，土地资源短缺，农业生产条件恶化，行政地区分割矛盾尖锐，是我国经济发达地区普遍存在的问题，山东半岛城市群同样存在上述问题。在经济发展中，要做好升级，坚持发展资源的高效利用、重复利用和减少废弃物排放的生态经济道路；重视生态环境建设，构建以生态绿地为主体的绿化系统和城市群绿色空间体系，从而形成人与自然和谐，生态优美、环境整洁、人居环境良好的城市聚落，实现宜居城市的梦想。

现在半岛地区生态环境形势已经严重影响到本地区的可持续发展。主要表现在：①水资源利用不合理，浪费和污染加剧了山东半岛水资源的短缺和生态环境的破坏。目前山东半岛城市群七个城市（除东营外）都存在地下水超采现象，造成的地下水漏斗面积不断扩大，加剧了海水内侵、湿地萎缩、水生态环境失衡等问题。②随着城市群的发展，生态环境中自然生态环境所占比例日渐缩小，城市复合生态系统不断增加。③自然生态的萎缩、绿地覆盖率不足加剧了水土流失。水资源的过度开发和矿产资源的不当开采不仅直接导致地面塌陷、沉降、地裂等地质灾害，还严重破坏了土地资源。④严重的工业污染以及由不合理的农业生产产生的污染叠加，导致农业生产环境破坏。⑤海洋生态环境不堪重负。临海工业发展，废水、废渣以及生活污水大量排入海洋，导致多数海湾、近海水域的水质恶化，近海赤潮危害加重，海洋资源趋于枯竭，海岸生态遭到破坏，海岸带受到侵蚀。

以上环境现状反映出当前山东半岛城市群在发展过程中面临的严重生态环境问题，这些问题已成为半岛地区经济社会发展的巨大阻力。加强山东半岛城市群生态环境建设是迫在眉睫的任务，也是区域健康发展的必然选择。

3. 充分重视科技文化事业创新发展

"文圣"孔子、"兵圣"孙子在这里诞生，泰山在这里拔起，黄河在这里入海，应将博大的齐鲁文化鲜明地展示出来。齐鲁文化最大的特征就是中庸、诚实、守信等，厚重的文化传统可能在墨守成规、妄自尊大等观念的左右下制约地区经济发展，同时也可能通过文化创新发挥引领社会发展的灵魂作用。深厚的齐鲁文化给山东文化转型戴上了沉重的枷锁，使地方发展患上了严重的路径依赖症。兼容并包的文化才是有活力的文化，而齐鲁文化的守旧、排外使其难以与其他文化融合，这也是山东地区在文化制度上落后于江浙、广东的原因。[8]

新中国成立以来山东教育由不成规模发展到现在拥有1700多万在校生的庞大规模；由不成体系发展到现在的多层次、多形式和多学科的完整教学体系。教育发展提升人口素质，为地方乃至全国经济建设提供了大量的合格人才。山东省全省有高等院校109所，中等职业学校769所，半岛城市群的八个城市均有一定数量的高等院校，但与高等教育发达省市相比，该地区在高等教育质量上还存在很大差距，缺少一批特色鲜明、优势明显的一流大学和科研机构，如代表我国科学技术研究最高水平的中科院系列，在山东仅有青岛海洋研究所。

作为经济大省，山东省却没有与之匹配的科技实力，科技进步对经济的贡献率较低，社会经济发展缺乏科技创新支撑，2006年高新技术产值仅占工业总产值的26.2%。2000年科技研究与开发支出（R&D）占国内生产总值的0.61%（表3-15），远低于全国1%的水平，与北京、上海、广东、陕西存在很大差距，人均科研开发支出处于全国11个主要省市末位的尴尬位置。近年来尽管通过科教兴鲁和人才强省战略的实施使科技实力明显增强，但科技人才紧缺，特别是高层次、复合型、专业技术人才不足。所以，改善人居环境、创业环境，做好人才的引进、培养等工作，应是当务之急。

主要省市科技研究与开发支出 表3-15

地区	R&D经费支出（亿元）	排序	GDP（亿元）	R&D经费/GDP（%）	排序	总人口（万人）	人均R&D经费（元/人）	排序
北京	155.7	1	2478.76	6.28	1	1382	1126.63	1
广东	107.1	2	9662.23	1.11	6	8642	123.93	5
上海	73.8	3	4551.15	1.62	3	1674	440.86	2
江苏	73.1	4	8582.73	0.85	8	7438	98.28	7
山东	52.0	5	8542.44	0.61	15	9079	57.28	11
陕西	49.5	6	1660.92	2.98	2	3605	137.31	4
四川	44.9	7	4010.25	1.12	5	8329	53.91	12
辽宁	41.7	8	4669.06	0.89	7	4238	98.40	6
湖北	34.8	9	4276.32	0.81	9	6028	57.73	10
浙江	33.4	10	6036.34	0.55	17	4677	71.41	8
天津	24.7	13	1639.36	1.51	4	1001	246.75	3
福建	21.2	14	3920.07	0.54	18	3471	61.08	9
全国	896		89404	1.0		124261.2	72.1	

（资料来源：各省市统计年鉴、2000年全国R&D资源清查主要数据统计公报。）

4. 积极推进经济社会转型进步

近年来，山东省通过"平安山东"、"文明山东"、"诚信山东"等建设活动创造了经济社会协调发展、治安秩序持续稳定、人民群众安居乐业的良好社会形势。我国市场经济体制改革向纵深层面推进，随着资源支配方式由计划向市场转变，社会出现了层级分化、贫富分化等危及社会秩序的问题。社会效率和公平之间的难以把握，在效率面前公平可能"缺失"。因而应当注重"公平"对社会和谐的重要性，如杨保军所言："宜居城市就是中央从城市规划角度对公平和效率进行重新选择。"

半岛城市群产业结构特征决定了其经济增长必须依赖大量劳动力来实现。[11]根据全国第五次人口普查显示，山东省流动人口总量近750万，来自省外的占13.4%，虽然绝对数量远不及珠三角、长三角，但多数属于省内流动。在空间分布上大多分布于青岛、烟台、威海、济南等半岛城市群经济较发达地区，使得该地区成为山东省流动人口最密集的地区。大量外来人口的迁入，无疑会对这一地区的生活环境质量产生影响。以珠三角特别是东部都市区为例，经济的迅速发展、生产和人口的高度聚集已使生产、生活环境质量日益下降。与户籍人口相比较，暂住人口中的大部分人生产、生活在较恶劣的环境中。同时也带来了大量的社会治安、社会保障、阶层分化等问题。

3.3 兰州市城市宜居性现状公众满意度调查评价

本调查是对主观调查方法探讨的实践。所以兰州市城市宜居性现状公众满意度调查评价直接应用第2章评价系统中的结论。

3.3.1 兰州市城市宜居性现状调查

本次调查是就兰州市市民对当前兰州市城市宜居性满意程度的调查，旨在了解兰州目前的城市宜居性现状。调查重点在于了解城市安全、就业、城市文化、居住条件和老龄化等问题，通过满意度问卷调查，探索城市总体规划中的宜居城市规划研究方法，为宜居城市建设提供建议和参考。

1. 调查情况

调查范围为兰州市城关、七里河、西固、安宁四个主城区，同时还对城关区的九州开发区进行了重点调查。调查对象为18周岁以上的兰州市居民。

本次调查分区展开，于2007年10月初开始，为期五天。以抽样调查和重点调查为主。具体样本的采集采用了随机抽样与交叉控制配额抽样相结合的方法。各区调查对象比例基本一致，注意了调查对象的代表性。

由于季节和天气影响，本次调查共发放问卷145份，收回问卷145份，回收率为100%，其中有效问卷132份，问卷有效率为91.03%。

2. 评价系统层次结构及权重

（1）评价系统结构

综合以往对城市宜居性的主观评价体系和统计数据评价体系，经过分类汇总和专家讨论，最终确立5项一级指标，9个二级指标及29个三级指标。

本次调查内容以兰州市宜居性满意度调查评价系统为基础，针对城市安全满意度、舒适满意度、幸福满意度、便捷满意度、发展满意度五大方面进行评价，其中包括城市治安、交通安全、经济繁荣、就业状况、科技创新、城市特色、居民收入、居住条件、商业服务、气候条件、环境治理、公共交通和邮电通信等29个三级指标，涵盖了宜居城市的各个方面。

（2）评价指标权重确定

本次评价指标权重确定采用两种方法。

主观评价指标体系中一、二级指标权重未发生改变，三级指标中大部分与客观指标中的三级指标权重一致（表2-14，表3-16），但如灾害防御对应的3项三级指标采取均等权重，科教文管中对应8项指标被细分为四个方面，这四个方面对应的指标也采用均等权重。

兰州市宜居城市调查一级指标权重 表3-16

一级指标	安全度	舒适度	幸福度	便捷度	发展度
权重	0.20	0.20	0.20	0.20	0.20

3.3.2 调查数据库建立与数据处理

1. 满意度调查结果数据化

本次调查对样本进行了筛选，剔除了不合格问卷，最终通过EXCEL软件和SPSS13.0软件将132份问卷信息数据化，建立数据库。

在满意度调查结果处理时，将满意度按程度差异，划分为五个不同等级（表3-17）。

满意度等级选项对应分值 表3-17

满意度等级选项	很满意	满意	较满意	较不满意	不满意
分值	$10 \geqslant S > 8$	$8 \geqslant S > 6$	$6 \geqslant S > 4$	$4 \geqslant S > 2$	$2 \geqslant S \geqslant 0$

具体赋值中：很满意赋10分，满意赋8分，较满意赋6分，较不满意赋4分，不满意赋2分。

2. 调查结果计算

（1）29个三级指标宜居性满意度计算

按选择频次加权得出每个三级评价指标的满意度分值，具体29个指标的满意度（S_c）统一采用以下公式：

$$S_{ci} = (A_i \times 10 + B_i \times 8 + C_i \times 6 + D_i \times 4 + E_i \times 2)/N_i$$

式中　　S_{ci}——第i个指标的满意度分值；

　　　　i——代表29个二级指标，$i = 1, 2, 3, \cdots, 29$；

　　　　N_i——有效问卷数量；

A_i, B_i, C_i, D_i, E_i——分别代表第i个指标的全部有效问卷中选择很满意、满意、较满意、较不满意和不满意选项的样本数。

（2）9个二级指标宜居性满意度计算

$$S_{bi} = \sum_{j=1}^{n} S_{cij} W_{ij}$$

式中　S_{bi}——第i个二级指标，$i = 1, \cdots, 9$；

　　　S_{cij}——第i个二级项指标所对应的第j个三级指标，$j = 1, 2, \cdots, n$；

W_{ij}——第 i 个二级指标所对应的第 j 个三级指标的权重;

n——代表第 i 个二级单项指标所对应的三级指标个数。

(3) 5 个单项一级指标宜居性满意度计算

$$S_{ai} = \sum_{j=1}^{n} S_{bij} W_{ij}$$

式中 S_{ai}——第 i 个单项一级指标,$i = 1, \cdots, 5$;

S_{bij}——第 i 个一级单项指标所对应的第 j 个二级指标,$j = 1, 2, \cdots, n$;

W_{ij}——第 i 个一级指标所对应的第 j 个二级指标的权重;

n——代表第 i 个一级单项指标所对应的二级指标个数。

(4) 全市或各城区(县)城市整体宜居性满意度计算

$$S = \sum_{i=1}^{n} S_{ai} W_i$$

式中 S——全市或全区城市宜居性满意度分值;

S_{ai}——第 i 项一级指标的满意度分值;

W_i——第 i 项一级指标的权重;

n——一级指标的个数,$n = 5$。

表 3-18 是兰州市各单要素以及总体的城市宜居性满意度情况,由于表格过大,所以未将二级指标的结果列出。

2007 年兰州市城市宜居性满意度调查结果一览表 表 3-18

总系统		一级指标			三级指标		
得分	满意度	名称	得分	满意度	总分 单项得分		满意度
兰州市城市宜居性满意度调查 6.09 满意		安全度	6.13	满意	城市治安	6.11	满意
					灾害发生	6.79	满意
					灾害防控	5.83	较满意
					设施安全	6.17	满意
					交通安全	5.97	较满意
		舒适度	6.04	满意	环境治理	5.97	较满意
					绿化条件	6.19	满意
					气候条件	6.17	较满意
					医疗条件	5.95	较满意
					休闲条件	6.18	满意
		幸福度	5.34	较满意	就业状况	5.08	较满意
					居民收入	5.05	较满意
					居住条件	5.66	较满意
					社会福利	5.30	较满意
					商业服务	6.26	满意

续表

总系统			一级指标			三级指标		
	得分	满意度	名称	得分	满意度	总分	单项得分	满意度
兰州市城市宜居性满意度调查	6.09	满意	便捷度	7.03	满意	邮电通信	7.26	满意
						供水状况	7.20	满意
						能源供应	7.16	满意
						对外交通	6.97	满意
						市内交通	6.47	满意
			发展度	5.90	较满意	经济发展	5.70	较满意
						教育状况	6.47	满意
						遗产保护	6.17	满意
						城市文化	6.19	满意
						城市特色	6.11	满意
						科技创新	5.94	较满意
						政府管理	5.63	较满意
						社会公平	5.57	较满意
						市民素质	5.88	较满意

3.3.3 兰州市城市宜居性分析

1. 调查对象基本情况

一项调查的结果有效与否，问卷的设计自然是一个方面，但调查对象的选取在某种程度上也起着很关键的作用。我们将本次调查的问卷转换成数字，运用 EXCEL 进行了统计，分别从不同的角度作图分析调查对象的构成和总体特征。调查对象性别比例基本平衡，年龄结构具有均衡代表性，其他方面均衡代表性均较满意（图 3-2 ~ 图 3-8）。

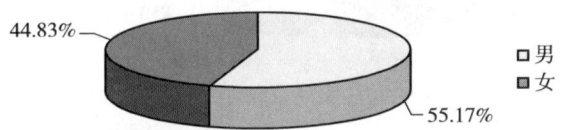

图 3-2　2007 年兰州市宜居性满意度调查（人口性别构成）

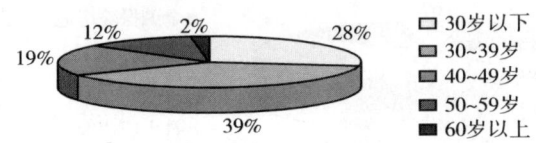

图 3-3　2007 年兰州市宜居性满意度调查（人口年龄构成）

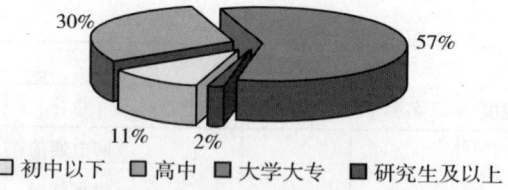

图3-4 2007年兰州市宜居性满意度调查（人口学历构成）

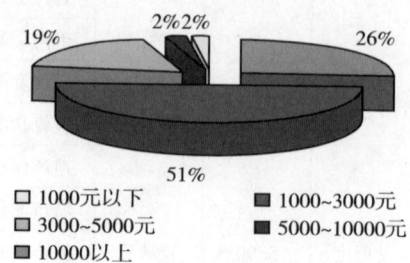

图3-5 2007年兰州市宜居性满意度调查（家庭人均收入构成）

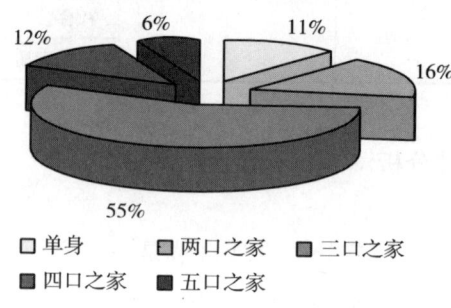

图3-6 2007年兰州市宜居性满意度调查（家庭人口结构构成）

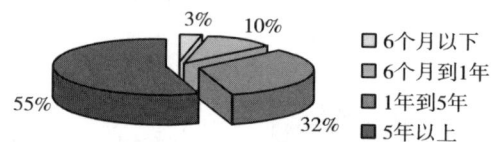

图3-7 2007年兰州市宜居性满意度调查（在兰州市居住时间构成）

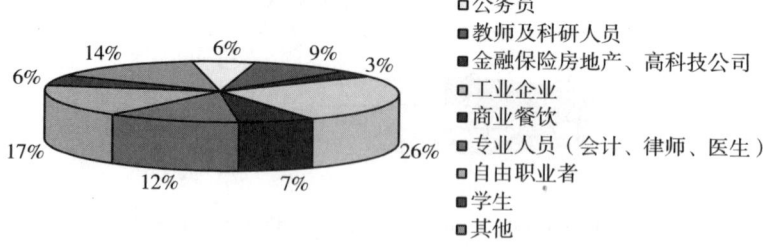

图3-8 2007年兰州市宜居性满意度调查（职业构成）

2. 兰州市整体宜居性分析

城市总体宜居性较满意，基础设施满意度最高。通过计算，兰州市城市整体宜居性满意度为 6.09，处于较满意水平，说明兰州市市民对当前城市整体状况"满意"。其中，便捷性满意度——基础设施的满意程度最高，达到 7.03；其次为城市安全度，表示满意；发展度中的科教文化，舒适度中的生态环境和幸福度中的生活质量三项，表示较满意，但发展度中的经济繁荣度一项满意度较低（图 3-9）。

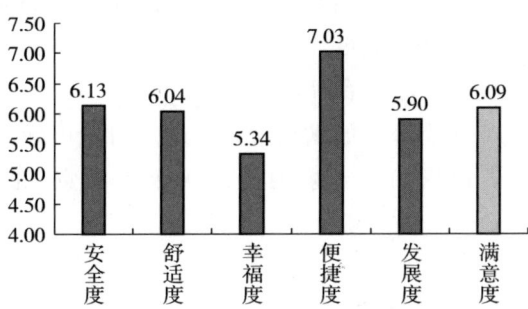

图 3-9 兰州市宜居城市满意度调查得分

从图 3-9 可看出，出行和生活密切相关的评价指标"便捷性"满意度最好，也说明城市基础设施基本满足了市民的要求。但由于城市经济整体实力和社会形势的综合影响，城市经济满意度较低，仅能达到市民的一般要求，降低了发展度的得分，是城市宜居性发展中的制约因素。

整体上，兰州市市民较为满意目前的城市宜居状况。

3. 宜居性单项要素满意度分析

（1）城市安全条件满意度较高

由图 3-10 可知，兰州市民对目前城市安全条件较满意，与城市安全相关的 6 项三级指标满意度都高于 5 分。其中，城市灾害发生情况满意度最高，为 6.79；灾害防控评分最低，仅为 5.83。

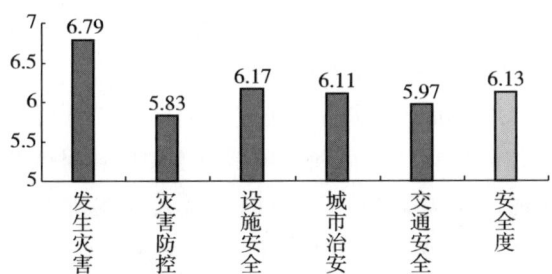

评价指标	发生灾害	灾害防控	设施安全	城市治安	交通安全	安全度
得分	6.79	5.83	6.17	6.11	5.97	6.13
满意度	满意	较满意	满意	满意	较满意	满意

图 3-10 2007 年兰州市城市宜居性满意度调查 安全度得分

市民对安全管理方面较为满意。上述数据说明兰州市不论是自然灾害还是人为灾害发生率都较低，灾害管理部门对灾害的防控和管理以及城市配套安全设施等方面较为重视，使大多数市民较满意。但是，居民的防灾训练和防灾意识相对较差，绝大多数被调查者认为，目前关于提高居民防灾意识的宣传和训练等工作还很不足，亟待重视。

城市治安和城市交通安全两项也已达到市民较满意的水平。但交通安全满意度相对较低，在城市安全条件排序中也处于较差位置。可见，居民对当前的城市交通安全状况还有不满，尤其在交通管理方面还有待加强。

（2）舒适度状况较为满意，环境治理见成效

由图3-11可知，在对生态环境的满意度评价中，对城市绿化条件评价、休闲条件评价较高，黄河风情线、白塔山、五泉山公园等令人满意，医疗条件满意度较低，为5.77。

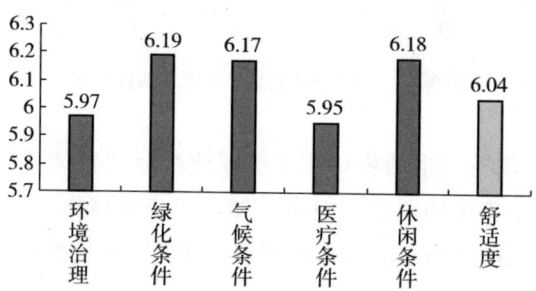

评价指标	环境治理	绿化条件	气候条件	医疗条件	休闲条件	舒适度
得分	5.97	6.19	6.17	5.95	6.18	6.04
满意度	较满意	满意	满意	较满意	满意	满意

图3-11 2007年兰州市城市宜居性满意度 舒适度得分

虽然气候条件和环境治理评分不算高，但被访者认为兰州市近年来环境治理工作成果显著，见到蓝天的天数明显增加，气候条件显著好转。

（3）幸福满意度评价较低，就业收入面临压力

在幸福度的评价中，兰州市整体满意度不高。由图3-12可知，居民对商业服务满意度较高，为6.26；居住条件和社会福利两项满意度一般；对就业情况评价较低，调查结果显示就业形势不乐观，有许多25～30岁的年轻人存在找工作困难等问题。因而应大力发展吸纳能力大的第三产业，增加就业机会，解决就业问题。居民收入满意度最低，仅为5.05。

大多数被访者认为，兰州市目前的商业服务已经很完善，商品较为丰富，购物方便。但大多数人认为社会福利条件还有待加强，尤其是对低收入、下岗职工和老龄人口等弱势群体的关怀还不够，部分政策落实不到位，需要采取措施改善。

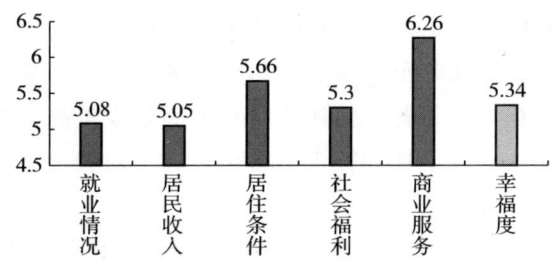

评价指标	就业情况	居民收入	居住条件	社会福利	商业服务	幸福度
得分	5.08	5.05	5.66	5.30	6.26	5.34
满意度	满意	较满意	较满意	较满意	较满意	较满意

图3-12 2007年兰州市城市宜居性调查 幸福度得分

收入问题极为敏感。2006年兰州市人均可支配收入全国倒数第二,但房价涨幅居西北之首,居民生活压力较大。

(4) 便捷满意度较高

由图3-13可知,在对五项指标的调查中,便捷度一项市民反映最好,满意度达7.03分。其中邮电交通满意度7.26,供水和能源供应均高于7.10。说明兰州市目前的市内基础设施水平比较完善,达到了市民要求。

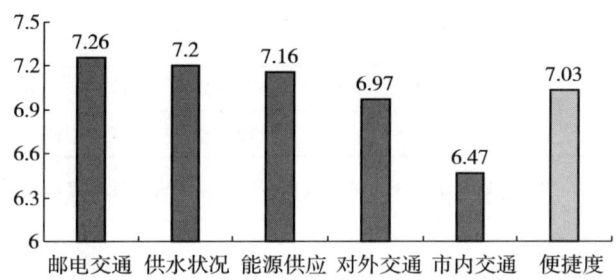

评价指标	邮电交通	供水状况	能源供应	对外交通	市内交通	便捷度得分
得分	7.26	7.20	7.16	6.97	6.47	7.03
满意度	满意	满意	满意	满意	满意	满意

图3-13 2007年兰州市城市宜居性满意度调查 便捷度得分

相比而言,对外交通和市内交通两项较低,但也比其他二级指标得分要高,处于中上水平。被访者对市内交通还有些不满,尤其是公共交通。主城区交通还是较便捷的,但一些城郊地区由于刚开发,居住人口较稀少,基础设施配套跟不上,交通还不是很便利。

(5) 发展满意度一般,市民素质社会公平问题突出

本次调查中,大多数被访者年龄为30~49岁之间,是社会的主力群体。其中,城市经济繁荣度项评分为5.70,说明兰州市市民对目前城市经济状况的满意程度低。大多数被访者认为兰州市经济与其他城市相比还有一定差距,经济活力不足,需要引进沿海地区的开放思路。

市民对于兰州市教育状况、城市包容度、文化遗产保护、城市文化和城市特色几项较为满意。兰州大学、西北师范大学、兰州交通大学、兰州理工大学和西北民族大学等多所高等院校的存在，使兰州市整体教育状况满意度较高，满意度得分6.47。大多数被访者认为兰州是一个有个性和特色的城市，特别对黄河文化的保护和宣传较为满意。

然而，科技创新、政府管理、社会公平和市民素质四项评价还不够理想。大多数被访者认为虽然兰州高校和大型科研机构众多，但多集中在基础科学方向，面向应用的技术开发力量不足。同时，市民认为目前政府整体工作效率有待提高（图3-14）。

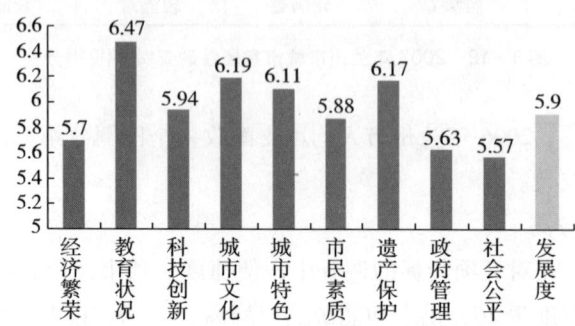

评价指标	经济繁荣	教育状况	科技创新	城市文化	城市特色	市民素质	遗产保护	政府管理	社会公平	发展度得分
得分	5.7	6.47	5.94	6.19	6.11	5.88	6.17	5.63	5.57	5.90
满意度	较满意	满意	较满意	满意	满意	较满意	满意	较满意	较满意	较满意

图3-14　2007年兰州市城市宜居性满意度调查　发展度得分

4. 兰州市四个主城区宜居性对比分析

在本次调查中，宜居性满意度最高的是西固区，满意度为6.54；其次是安宁区6.30；城关区得分均为6.13；七里河区满意度最低仅为5.47，比兰州市整体均分6.09还低0.62分。

（1）兰州市四区整体宜居性满意度对比分析

由于兰炼和兰化两大企业驻西固区，因此该区居民70%都是两厂的职工，两企业目前经营状况良好，职工收入非常稳定，因此西固被访者多数评价较好，满意度较高。安宁区内有多所高校，文化氛围浓厚，居民学历较高；城关区历史悠久，一直是兰州市的中心城区，各项配套设施发展完善，两区的宜居性满意程度处于中间位置。而七里河区没有形成自己鲜明的特色，在各方面相比有所差距（图3-15）。

（2）四城区内部宜居差异性比较

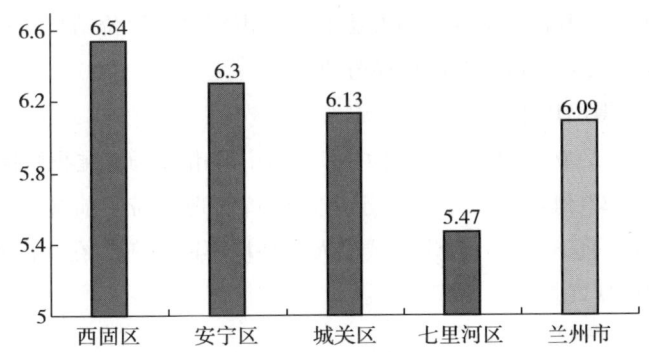

地区	西固区	安宁区	城关区	七里河区	兰州市
整体满意度得分	6.54	6.30	6.13	5.47	6.09
满意度	满意	满意	满意	较满意	满意

图 3-15　2007 年兰州市城市整体宜居性满意度调查结果

在五项指标比较中，西固区安全条件、便捷度最好，在城关，居民对科教文化和基础设施两项评价较高，安宁区在生活质量和生态环境两方面满意度最好，七里河区则除了舒适度以外，其余五项均位于四区最末（图 3-16、表 3-19）。这与目前各区的现状吻合。

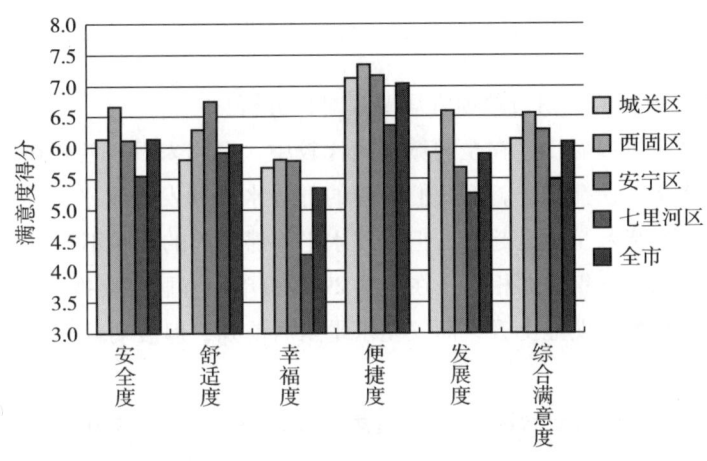

图 3-16　2007 兰州市城市宜居性满意度五项指标评价结果

兰州市四区宜居性满意度评分　　　　　　　　　表 3-19

以及评价指标	城关区	七里河区	安宁区	西固区	兰州市
安全度	6.14	5.55	6.13	6.67	6.13
舒适度	5.80	5.91	6.74	6.29	6.04
幸福度	5.67	4.27	5.78	5.81	5.34
便捷度	7.13	6.37	7.16	7.34	7.03
发展度	5.92	5.26	5.68	6.59	5.90
综合	6.13	5.47	6.30	6.54	6.09

5. 基于统计数据和满意度调查两种方法的兰州市宜居性评价结果对比分析

（1）基于统计数据的兰州市总体排序分析

根据第 2 章研究得出以下结论：

由表 3-20 可见，2003～2005 年三年中，兰州市城市宜居度在我们选取的全国 29 个城市中排名位列第 21、22 和第 16 位，相对于周边市曾出现停滞不前甚至下滑的现象。兰州市的排名 2005 年提升了一大步，兰州市城市人居环境不断改善，在西部省会城市中，兰州市整体宜居状况发展良好。

基于统计数据的 2003～2005 年兰州市宜居度评价排序对比　　　表 3-20

2003	乌鲁木齐	西安	兰州	银川	西宁
宜居度标准化得分	0.93	0.77	0.83	0.86	0.79
29 城市总排名	7	28	21	18	27
2004 年	乌鲁木齐	西安	兰州	银川	西宁
宜居度标准化得分	0.92	0.77	0.83	0.87	0.80
29 城市总排名	12	28	22	17	25
2005 年	乌鲁木齐	西安	兰州	银川	西宁
宜居度标准化得分	0.84	0.71	0.86	0.78	0.77
29 城市总排名	18	28	16	25	26

（2）基于统计数据的兰州市单项宜居要素对比分析

综合三年的结果可以看出，在全国城市的比较中，平均来看，兰州市安全条件排名最高，其次是幸福水平、便捷水平，而我们强调的舒适水平和发展水平排名均不理想。虽然总体来看兰州是宜居指数呈上升趋势，但发展水平停滞不前的现状不容忽视。

由表 3-21 可见，三年数据相比，在全国 29 城市单项宜居要素排名中，兰州市的舒适水平和幸福水平位次均有明显上升，而安全水平虽居前列，但波动较大。

基于统计数据的兰州市宜居度单项指标评价排序对比　　　表 3-21

评价指标	安全水平	舒适水平	幸福水平	便捷水平	发展水平	综合指数
2003 年宜居度得分	0.55	0.91	0.98	0.93	0.77	0.83
29 城市排序	8	26	16	19	20	21
2004 年宜居度得分	0.53	0.96	1.02	0.86	0.78	0.83
29 城市排序	5	21	13	24	22	22
2005 年宜居度得分	0.54	0.96	1.05	0.96	0.79	0.86
29 城市排序	10	20	13	14	21	16

（3）两种评价方法结果对比

由表 3-22 可见，客观数据评价中便捷水平一项的排名在 2005 年大进一步，而且在 2007 年主观满意度调查中，居民满意度也最高。表明兰州市经过近几年的市政工程建设，基础设施水平显著提高。

基于统计数据的兰州市宜居度单项指标评价排序与满意度调查结果对比　　表 3-22

	评价指标	安全水平	舒适水平	幸福水平	便捷水平	发展水平	综合指数
统计数据评价	2003 年宜居度得分	0.55	0.91	0.98	0.93	0.77	0.83
	29 城市排序	8	26	16	19	20	21
	2004 年宜居度得分	0.53	0.96	1.02	0.86	0.78	0.83
	29 城市排序	5	21	13	24	22	22
	2005 年宜居度得分	0.54	0.96	1.05	0.96	0.79	0.86
	29 城市排序	10	20	13	14	21	16
满意度评价	得分	6.13	6.04	5.34	7.03	5.90	6.09
	满意度	满意	满意	较满意	满意	较满意	满意

从客观评价中，城市安全条件与其他宜居要素相比一直较好，而且在 2007 年调查中，居民对城市安全条件也表示满意，说明兰州市城市安全状况较为稳定。

舒适水平与其他宜居要素相比虽然排名仍然靠后，但进步明显。而在 2007 年问卷调查中，市民也表示对兰州市人居环境改善较为满意，说明兰州市整体城市生态环境状况向良性发展。

（4）基于统计数据与市民满意度调查的评价方法对比

基于统计数据的计算方法由于可操作性强，较适合对全国大范围多个城市进行宜居性对比分析，便于从宏观上了解全国城市整体宜居性现状和各城市间宜居度差异。但是，这种方法也会受到统计数据可获得性的限制，会造成评价不全面。

由于城市宜居性与居住者的满意度感受直接相关，所以满意度调查更能反映城市宜居性现状。但是，由于满意度问卷调查花费较大，在针对全国性的研究中可操作性不强，所以更适合单个城市宜居性的详细研究。

在研究中，两种方法可以结合使用，从宏观和微观上综合反映城市的整体宜居性。从对比中看出，客观评价中排名与主观满意级别相对一致，也是对两种方法适用性的充分肯定。

3.3.4 调查总结

1. 城市安全性

在本次调查中，虽然兰州市市民对当前城市安全条件较为满意，但有少数被访者根据自己的个人经历判断整体城市安全性，并且绝大多数人的"城市安全"概念还很模糊，安全意识和处理危机的能力还亟待加强。此外，市民普遍反映城市中的一些安全设施不完善，设施安全程度不高。

因此，制定安全规划和完善危机处理机制迫在眉睫。这些问题需要在城市规划和社区规划中予以重视和体现，可以从安全设施的配置、安全管理机构的设置等方面入手。

2. 就业

在本次调查中，就业满意度最不乐观。虽然这与个体有密切的关系，但是被调查对象主体认为目前城市就业形势非常严峻。

因此，在城市规划中尤其要重视人口规模的研究。适度人口是讨论的重点，其中适度就业人口也是需要考虑的一个重要问题。就业与经济有密切的关系，因此需要在经济产业发展研究中提出与就业相关的一些政策，为实现充分就业提供思路和保障。

3. 科教与城市文化

在本次调查中，可以明显地体会到科教文化对城市内部宜居性差异的影响。安宁区是兰州的科教文化区，城关区一直是兰州市的中心城区，科教文化综合实力较强，因此这两个城区科教文化满意度较高。而七里河区评价最低，明显地表现出城市科教文化分布不均衡的特征。

因此，在城市规划中要考虑工业区、生活居住区、商业区的布置，更要考虑科教文化机构和组织的布置和教育水平的均衡问题。在城市文化特色方面，不仅要注重城市整体特色，还要在各城区发展中注意各自特色的打造，这可以通过特色产业、特色街区建筑等形成。

4. 居住条件分析

本次实地调查充分了解了兰州市各区的居住状况。在对问卷统计计算的基础上结合实地问卷调查，可以对城市整体和内部居住条件作出客观的分析，这是一种很好的城市居住条件分析研究方法。

5. 老龄化

本次调查中，专门针对一些老年社区进行了调查。发现在这些老年社区中存在很多问题，多数老人反映社会福利低、社区配套设施落后、缺乏适合老人使用的娱乐设施。一些老龄化社区甚至处于远离市区的新开发地区，医疗条件也无法满足老龄人口的需要。

老龄化问题是当前城市规划中迫切需要考虑的一个重要问题。我国已经步入老龄化社会，而绝大多数老人生活在城市。如何安置庞大的老龄人口是我国城市发展面临的一个难题。

城市规划作为均衡各方利益的手段，老龄人口是要考虑的一个重要对象。在总规中需要对老龄社区建设及其配套设施建设予以关注。宏观上老年服务设施和机构的安排部署以及微观上老龄社区内部的安全及服务设施规划，在城市规划中都应予以重视。

通过本次针对城市宜居性的满意度调查，可以帮助城市规划者了解目前城市存在的问题。在这些问题中，一些是显而易见的，一些却是隐性的。通过面对面的调查，可以使规划者深切感受到居民生活现状和需要解决的问题，这样有助于增强城市规划的针对性和实效性。

参考文献

[1] http：//www.chinarenju.org/.

[2] 联合调查发布诚毅投资股份厦门有限公司《商务周刊》杂志零点研究咨询集团. 中国宜居

城市排行榜．商务周刊［J］，2005（Z1）．

［3］零点研究咨询集团，第一财经．零点宜居指数——中国公众城市宜居指数2006年度报告．

［4］零点研究咨询集团，第一财经．零点宜居指数——中国公众城市宜居指数2007年度报告．

［5］叶宗裕．关于多指标综合评价中指标正向化和无量纲化方法的选择［J］．浙江统计，2003（4）．

［6］周一星，杨焕彩．山东半岛城市群发展战略研究［M］．北京：中国建筑工业出版社，2004．

［7］仇保兴．关于山东半岛城市群发展战略的几个问题［J］．规划师，2004，20（4）．

［8］山东省省情网．http：//www.infobase.gov.cn/．

［9］山东：组织开展"平安山东"建设确保治安秩序持续稳定．http：//www.mps.gov.cn．

［10］2006年山东省国民经济和社会发展统计公报．山东统计信息网（2007 – 03 – 13）．

［11］2006年各省国民经济和社会发展统计公报．

［12］徐建华．现代地理学中的数学方法［M］．北京：高等教育出版社，2002．

4

国外宜居城市建设经验

4.1 国外城市宜居性评价

目前，国外最有影响的宜居城市评价为英国《经济学家》智囊团（EIU）和美国《财富》（Money）杂志所作的。现翻译介绍 2005 年的这两项评价。

4.1.1 《经济学家》全球城市宜居性评价分析[1]

英国《经济学家》（EIU）智囊团的全球城市宜居性排名工作是在其先前"居住困难度"的调查方法上展开的，此调查的结果也已出版。在此项调查"困难度指标"的基础上，他们加入了其他的一些衡量因子，用以诠释什么是城市宜居性。

1. 评价指标体系

此项调查 2004 年的评价指标体系见表 2-4（位于第 2 章）。此次世界城市宜居性调查选取 40 余种因子，共分为五个大类：社会稳定程度、健康水平、文化与环境、教育质量、基础设施。然后通过对调查数据进行定性和定量综合分析，得出一个全面反映生活质量的指数。每一指标均给定一个 1~5 的分值。若某城市某方面指标得分为 1，则意味着这一方面对人们生活没有负面影响；若为 5，则意味着此方面对人们生活已经产生极为严重的负面影响。进而在以上基础上进行分析，产生一个综合指数。其中，综合指数为 0 的城市，其生活环境极为优越；指数为 100% 的城市，其生活条件令人无法忍受（表 4-1）。

经济学家智囊团指数范围建议评判标准　　　　　表 4-1

综合指数标准	宜居状况
0~19%	生活质量很好，宜居
20%~29%	生活质量较好，偶有居住问题，较宜居
30%~39%	日常生活受到很多不利因素影响，宜居性一般
40%~49%	日常生活基本上受限制，基本不宜居
49% 以上	日常生活受到极大制约，不宜居住

（资料来源：英国经济学家智囊团（课题组从该公司香港代理处购买到相关资料）. 全球城市最佳居住地评价. 2005。）

2. 世界各地区城市宜居性分析

EIU 全球各区域城市宜居性调查均值情况见图 4-1，评价结果为：被调查的 127 个城市中，温哥华和墨尔本是世界上最适宜居住的城市，其后是维也纳、日内瓦和珀斯。巴布亚新几内亚的首都莫兹比克港是最不宜居的城市。澳大利亚和加拿大的城市排在前列的最多。欧盟国家和北美国家的城市是当今世界上生活条件最好的地区。与此相反，非洲和中东地区生活条件最差。

---

[1] 注：部分资料来源为本书作者直接从 EIU 公司购买而来。

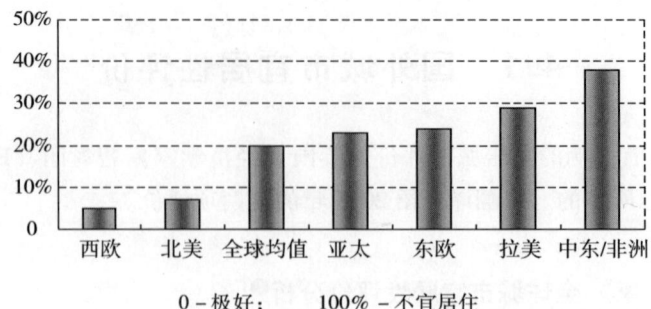

图4-1 EIU全球各区域城市宜居性调查均值柱状图

（资料来源：英国经济学家智囊团（课题组从该公司香港代理处购买到相关资料）．全球城市最佳居住地评价．2005。）

（1）欧洲

欧洲国家出现两极分化现象。非欧盟城市，特别是中、东欧，由于基础设施相对落后，健康风险加大，降低了欧洲的平均水平。欧盟城市中，维也纳、日内瓦和苏黎世排名最高，其他欧盟与北美城市大多在3%～20%之间。

（2）北美

尽管北美的部分城市面临恐怖主义和高犯罪率威胁，但是由于其高度开发的基础设施、良好的教育和健康保障，加之普及的娱乐设施的贡献，该地区的城市仍然排名较前。特别是加拿大城市，全部都在5%以下。由于安全威胁和犯罪威胁，美国城市宜居指数低于加拿大，多数在10%～20%之间。美国最舒适的城市是克利夫兰，这主要得益于其宜人的气候、良好的住房储备、较低的犯罪率和方便的娱乐设施。相反，莱克星顿在参评的美国城市中表现最差（13%），但仍然迈进了宜居门槛。

（3）亚洲及太平洋地区

该地区的两极分化现象比欧洲更为突出。澳大利亚城市全部跨入宜居城市门槛，而且在前十名的城市中就有五个是澳大利亚的城市。墨尔本排名第二，然后是珀斯、阿德莱德、悉尼和布里斯班。

亚洲城市的差距很大。像新加坡、东京、大阪、台北和首尔等商业中心排名比较靠前，其中台北（19%）刚刚跨入门槛。在2004年的评选中，首尔与宜居城市失之交臂，但2005年很快迎头赶上，以12%的宜居指数名列第54位。

（4）中国的城市在EIU排名中的评价

我国香港排名比较靠前，大陆有六个城市参与了评选。上海的排名最高，名列第70位，并列第70位的是北京和天津，EIU指数均为24%；深圳26%，列第76位；广州列第83位，EIU指数为29%；大连30%，列第85位。

4.1.2 《财富》杂志美国宜居城市评选评析

《财富》（Money）杂志全美宜居城市评选每年举行一次，评选基础来自于对城市居民的调查，定位指标很大程度上依赖于居民对城市的主观评价。2005年评选的指标体系见表

2-5（位于第2章）。2005年评选产生的前五名是新泽西州的莫尔斯城、华盛顿州的班布里奇岛、伊利诺斯州的纳珀维尔、弗吉尼亚州的维也纳和肯塔基州的路易斯维尔。表4-2是2005年《财富》杂志全美宜居城市评价结果。

2005年《财富》杂志全美宜居城市评价结果（前五名） 表4-2

评价指标		新泽西州莫尔斯城	华盛顿州班布里奇岛	伊利诺斯州纳珀维尔	弗吉尼亚州维也纳	肯塔基州路易斯维尔	评选入围城市均值
财务状况	年收入均值（USD）	86613	76847	95492	111877	79169	68311
	零售税率	6.00%	8.60%	6.75%	5.00%	8.15%	6.77%
	州收入税率（高）	6.37%	N/A	3.00%	5.75%	4.63%	N/A
	州收入税率（低）	1.40%	N/A	3.00%	2.00%	4.63%	N/A
	汽车保险补贴（USD）	1316	787	722	635	876	855
住房	房屋均价（USD）	367412	430417	311205	510987	295718	315033
	房屋价值增幅	11.19%	12.59%	7.39%	14.18%	2.87%	20.05%
教育水平	学院和大学数量（个）	47	21	66	38	25	32
	职业技术学院数量（个）	26	21	31	6	18	15
	学生/教师商数	11.70	16.60	15.00	12.20	18.30	15.37
生活质量	空气污染指数	98	103	104	86	46	90
	人身犯罪指数	16	46	13	23	24	69
	财产犯罪指数	28	94	22	41	56	78
文化娱乐设施	电影院（个）	36	37	27	56	11	27
	餐厅（个）	7183	3263	3981	6965	1719	3548
	酒吧（个）	729	298	260	211	153	251
	高尔夫球场（个）	68	57	202	80	71	72
	图书馆（个）	132	75	58	186	38	60
	博物馆（个）	18	9	15	26	6	10
气候状况	年均降水量/（英寸）	48.25	53.96	38.05	45.11	19.93	37.88
	年最高气温/（°F）	87.80	75.20	86.20	89.10	87.20	86.10
	年最低气温/（°F）	23.20	34.70	13.30	23.90	19.20	26.66

（资料来源：《财富》杂志. 美国年度最佳居住地评价，2005。）

从已收集的资料来看，该评选的调查范围仅限美国城市，采用的指标体系也与国内不尽相同。同时，鉴于美国较高的经济水平和人均年收入，该调查的研究结果目前可能仅适用于国内少数经济发达地区，例如深圳、北京、上海等城市。当然，从某种程度上而言，这也代表了我国未来城市设计、规划和建设事业的发展方向。

4.2 国外宜居城市建设典型案例分析

4.2.1 欧洲宜居城市建设

1. 法国：普罗旺斯的小城镇

普罗旺斯（Provence）位于法国南部。现在是法国22个大区之一，被称为普罗旺斯－阿尔卑斯大区。以它安静祥和、色彩多变的小镇（图4-2）而知名。除了温文尔雅的大学名城艾克斯、教皇之城亚维农的前后，还有那些逃过世纪变迁的中世纪小村落和古老的山镇。

图4-2 温情小镇

（图片来源：http：//image.baidu.comict = 503316480&z = 0&tn = baiduimagedetail&word = %C6%D5%C2%DE%CD%FA%CB%B9&in.）

法国诗人罗曼·罗兰说过："法国人之所以浪漫，是因为它有普罗旺斯。"[1]那里蓝天透明清澈，空气新鲜，沁人心脾。七、八月间，薰衣草迎风绽放，紫艳的色彩装饰着翠绿的山谷，浓郁的香味混杂着青草芬芳，交织成普罗旺斯特有的气息。[2]人们在此饮酒、看书或闲坐或骑马缓行，简朴而缓慢地生活着，典型的法国南部悠闲的生活随处可见，平和、幽静的气氛令人陶醉。

（1）古朴小城镇与村落

普罗旺斯有很多保持着中世纪风格和特色的古朴小城镇，在这里没有跳动的霓虹灯、画面暴露的招贴广告、凌乱的涂鸦，也见不到抽象派的建筑装饰。人们世世代代顺着铺满地面的石子老路，走进半山坡上的古村。当地居民们喜欢坐在树下石桌旁，边喝当地特产的桃红葡萄酒边读书看报或谈心聊天，有的地方甚至还保持从古井汲水品饮的传统。

埃克斯市（Aix-en-Provence）是画家保尔·塞尚的故乡，古罗马时期的古城，自中世纪起就是一座大学城，也是著名的"泉城"。今天仍以古罗马遗迹、中世纪、哥特式和文艺复兴风格的建筑而著称。埃克斯市还以独特的烹饪、玫瑰红葡萄酒而闻名。

法国最前卫、奢华的明星城市尼斯，以及以电影节的闪光灯、红地毯为标志的戛纳，也在普罗旺斯地区，离上述小城也就百十来公里。但古朴小城的居民不倾慕也不追随那里现代、时髦的生活方式；他们恪守、保护着祖先留下的文化遗产和习俗，从不感到生活色彩单调；用生长在身边的鲜花和各类植物把环境装扮得缤纷宜人，成为独特的魅力和吸引力。

（2）旧瓶装新酒的文化遗产保护与利用

普罗旺斯最宝贵的财富是文化。阿尔勒、欧朗日和教皇之城阿维尼翁等3个古城，被列入联合国世界遗产保护名录。普罗旺斯有很多老城，现在仍完好地保存着辉煌的古罗马遗址有：竞技场、古典剧场、公共浴场、陵园墓地。特别值得一提的是，这些剧场、斗牛竞技场仍在为现代人的文化、体育、生活服务，仍在发挥其本来的功能。

当地人喜欢这种文化，也在极力保护着这种文化的原味。他们所采取的方式用他们自己的话讲叫做"不拆旧的、不建新的"与"旧瓶装新酒"。对古建改造利用的原则，是在对古建外表充分保持原样的前提下，对内部实施现代生活所需的适应性改造。他们明白，迷人的风光是上天所给，众多的古迹是前人留下，他们要做的就是珍惜自然，热爱和保护先人留给他们的宝贵文化遗产，世代相传。

古村最典型的是中世纪的奥拜得，全村居民仅30户，山坡上有座12世纪的教堂，整个村落及周围无一新建筑，即使老建筑翻新、改建，除需严格审批外，也全部采用"旧瓶装新酒"的方式，一个邮筒，一家咖啡馆，一家兼卖明信片、小工艺品的餐厅，构成了"市中心"，仿佛仍生活在中世纪。

（3）薰衣草之都

普罗旺斯就是薰衣草（Lavender），薰衣草就是普罗旺斯。由于充足灿烂的阳光最适宜薰衣草的成长，当地居民又对薰衣草的香气与疗效十分钟爱，普罗旺斯独有遍地紫色花海翻腾的迷人景象。薰衣草——这种被誉为"等待爱情"的紫色小花，不知迷倒了多少人，又让多少人奢望。这里茂盛无垠的薰衣草田，纯粹的紫色绽放浪漫的情调，其豪迈令人心旷神怡，其深情常拨动许多人情感的心弦，甚至令人感伤而热泪盈眶（图4-3）。

普罗旺斯薰衣草香味中还参渗着百里香、松树等诸多芳香的气息。这里住家也常见挂着各式各样的香包、香袋，商店也摆满由薰衣草制成的各种制品，如薰衣草香精油、香水、香皂、蜡烛等，在药房与市集中贩卖着分袋包装好的薰衣草花草茶。可见，薰衣草也是普罗旺斯的经济支柱，也吸引来源源不断的游客，支撑起休闲游憩业的繁荣，带来了可观的收入。

2. 瑞士宜居城市

（1）苏黎世

苏黎世是苏黎世州首府，瑞士最大的城市，连续多年一直被联合国评为"世界上最富裕的城市"和"最适合人类居住"的城市。它位于阿尔卑斯山北部，苏黎世湖西北端，利

图 4-3　普罗旺斯的薰衣草

（图片来源：http://www.mtime.com/my/1352161/blog/1684952/.）

马特河同苏黎世湖的河口，是法国到东欧和从德国到意大利的商路要冲，又是水陆空交通枢纽[3]（图 4-4）苏黎世在克里特语里是"水乡"的意思。瑞士全国工商业联合会也设在此地。苏黎世不仅是瑞士最大的金融中心，还是整个西欧重要的金融中心。这里集中了120 多家银行，其中半数以上是外国银行，故享有"欧洲百万富翁都市"的称号。

图 4-4　苏黎世街景

（图片来源：陈学博摄。）

①注重城市特色保护。

苏黎世城市特色保护主要体现在苏黎世城内及其面积较大的郊区显示出浓郁的城市特色，特别是北部和西部的许多重要的工业区。[4] 法律明确规定具有政治、经济、社会或建筑代表性，或具有特殊景观的市中心、市区、街道、场所、建筑群或单个建筑，都可以被确定为具有保存价值。例如建于 1898 年的国家博物馆，1864 年的苏黎世火车站是苏黎世交通历史的重要范例，1950 年的银行办公大厅，建于 1895 年的红厂。这样，苏黎世就继续保持其作为一个旅游胜地的吸引力。

今天，苏黎世的旧城是"瑞士国家遗址"，是欧洲内城中一颗璀璨的明珠，其中的任何一幢房屋都保存得很好，游客可以欣赏到富有时代特色的苏黎世现代建筑和风格各异的教堂。这些现代化建筑与老街交相辉映，体现着不同的建筑风格。那迷宫般的小径及石板路给人们以独特的感受。位于利马特河畔的双塔教堂是苏黎世富有代表性的建筑之一，同时它也是苏黎世最大的教堂。教堂内的七彩玻璃画及宏大庄重的建筑风格都将给来访者留下深刻的印象。

②便捷休闲城市。

苏黎世被誉为湖边的花园城市，是一个自信、富裕而又厚道的城市。它处处渗出繁华、顺畅和便捷的气息，却又以一种非常内敛的方式使任何人到这里都感到亲近。

苏黎世机场、市区有完善的公交系统。这些便利的交通设施可以把南来北往的客人送到任何一个想去的地方，而且一切都井然有序。

漫步整洁美丽的苏黎世市区，你会感到很惬意。[5]游客大多是慕名而来，大型购物商城、名牌产品专卖店及大大小小的钟表、首饰、珠宝店等，也大都汇集于此。

景色秀丽的苏黎世湖吸引着八方游客纷至沓来。湖畔成群的鸽子、空中飞翔的海鸥、水上游走的天鹅，使得人与鸟在湖畔的和谐共处构成了一道独特亮丽的风景线。

（2）日内瓦

日内瓦是瑞士的第三大城市，同时也是瑞士境内国际化程度最高的城市，坐落在法拉山和阿尔卑斯山脚下，风景如画的日内瓦湖畔，南、东、西三面都与法国接壤（图4-5）。静静的罗纳河穿城而过，湖与河的汇合处，由数座桥梁连接着南北两岸的旧城和新城。日内瓦湖上 140m 高的大喷泉是日内瓦的象征（图4-6）。日内瓦湖光山色四季皆具吸引力，它同时还是世界各国际机构云集的国际化城市。

图4-5　日内瓦湖

（图片来源：董晓峰摄。）

图 4-6　日内瓦湖喷泉

（图片来源：董晓峰摄。）

①古现代交融的城市。

日内瓦有许多名胜古迹，如著名的宗教改革国际纪念碑、圣-皮埃尔大教堂、大剧院、艺术与历史博物馆、日内瓦大学等都是其代表建筑。在日内瓦众多的博物馆内，还收藏了很多中国、日本、古希腊及古罗马等古国的珍贵文物。在钟表博物馆内可找到人们对寻求时间的认知所作出努力的历史。

建筑和现代化的高楼大厦交相辉映，水天一色，碧绿如玉。优美的自然景色、宜人的气候、迷人的生活情调，是一个可以享受生活、度假休闲的天堂。

②关爱之都。

日内瓦是全世界交汇之点，是联合国欧洲总部的所在地，数以百计的会议、展览和庆祝活动在这里举行，更是吸引了各国来客。有 200 多个国际组织及许多人道主义机构的总部设在日内瓦，如联合国欧洲总部及红十字和红新月国际委员会等。日内瓦是一个国际性的城市，以其美不胜收的自然和人文景色而闻名于世，甚至有人据此说"日内瓦不属于瑞士"，它已被世人誉为"和平之都"，[6]是世界各国游客云集的地方。

③注重人与自然和谐。

在大自然中可以进行多种多样的体育活动：在罗纳河和莱蒙湖上游泳嬉戏；在郊外骑马、骑自行车或散步，在邻近的阿尔卑斯山区或法拉山区滑雪等等。无论是攀登峭壁、空中翱翔，还是在湖中游泳，对于热爱大自然和体育的人来说，日内瓦都是最理想的地方。

3. 荷兰宜居城市：阿姆斯特丹

有"北方威尼斯"之称的阿姆斯特丹是荷兰的首都。Amsterdam 在荷兰语中是居住之城的意思，它位于欧陆的西海岸，北临北海，南与比利时接壤，东临德国。阿姆斯特丹属温带海洋性气候，冬无严寒夏无酷暑（图 4-7）。

图4-7 阿姆斯特丹河上花屋

（图片来源：董晓峰摄。）

（1）水上城市

荷兰地势低平，是围海造陆的国家。阿姆斯特丹有些地方平均低于海平面4m，所以有居于水上、居于水中的说法。

漫步城中，视线所及范围内都能见到运河或大大小小的桥梁。阿姆斯特丹全市共有1300余座桥梁且风格独特，它们连接起了被160多条大小水道分割的街区。阿姆斯特丹是因运河而生的城市，也是因运河而闻名的城市。[7][8]它的运河不仅是荷兰人造陆的例证现在还担负着维持地下水位安全高度的任务。值得一提的是阿姆斯特丹有一体化的水管理：污水收集与排放，城市与农村的排水过程包括水质、水量、废水的处理与防洪都在控制中。[9]

（2）高效有序的交通

阿姆斯特丹是地少人稠的都市，有别于其他一些大城市的喧嚣和拥挤，它紧凑而有序，街道整洁，交通井然，人们悠然自得。

城市交通网发达而且高效，市区内地铁、公共汽车、有轨电车、汽车线路覆盖很广。现在城市内的公交系统还在进一步发展，计划到2012年开通新的南—北地铁线，将进一步完善和疏解地面交通。[10]郊区高速路路面平整，管理科学，火车连接郊区通向市中心，郊区居民前往内城工作，乘车很方便，一卡通式电子付费方式和环境幽雅便利的交通乘换中心等均使得出行十分舒心。

阿姆斯特丹只是兰德斯塔城镇群中的一员，其他城市也承担着各自的功能，在城镇群中发挥着购物、娱乐、学习、居住等不同的优势作用，城镇之间便捷的交通让人们可以一天内在不同城市实现自己的幸福生活的愿望。

（3）完善的住房保障系统

自二战以后，住房方面实行了一系列保障政策，为低收入者提供低价租房，也帮助高收入者购买高级住房，形成比较成熟的住房租赁和购买市场。[11]面对城市化和人口的增长，在住房土地供应上，该市将闲置的仓库或丧失原有功能的厂房建筑甚至集装箱改造为住宅，也尝试住宅建设向水面延伸，积极应对住房新需求。

(4) 文脉连续的城市规划与建设

早期阿姆斯特丹依循半圆形的城市规划布局，沿三条重要运河——绅士运河、国王运河、王子运河，从市中心向外依次环绕展开。1870年以后自辛格运河向外发展，进而形成了今日的阿姆斯特丹。阿姆斯特丹功能多样化，建筑紧凑，古朴的古建筑与现代新建筑并存，色彩丰富，空间有序而生动。

游人可以看到那些古老独特的运河屋，窄小的门，通透的窗，三角形的屋顶，装饰花哨的山墙。多数运河屋处在略微倾斜的地基之上，更增添了其魅力。还能欣赏到许多现代建筑精品：皮阿诺的船形科学中心、阿姆斯特丹建筑中心、建筑博物馆等。

(5) 迷人的郊外

在阿姆斯特丹的郊外，你可领略到田园美景：翠绿的草原，满身花斑的奶牛，纵横交错的水渠，色泽鲜艳的房舍等。其实，整个荷兰的城乡和生产生活都十分注重艺术性。比如，田野的防护林的精心布局，间距适宜而不像其他邻国的随意；连秸秆的收集也像绘画一般讲究先后顺序和方正包装；庄稼和花卉的种植布局亦考虑了生态位、季相和色彩变化，赋予了大地如画的意境；铁路沿线的护墙有玻璃材料等多种类型，连涂鸦也生动而不杂乱。

荷兰人开放、自由、宽容的态度，使他们对不同的文化都能给予同等的尊重，使阿姆斯特丹成为一个在世界范围内深受青睐的城市。

4. 奥地利：维也纳

奥地利的首都维也纳位于美丽的多瑙河畔，阿尔卑斯山东北麓盆地中。"音乐之都"维也纳也是石油输出国组织、欧洲安全与合作组织和国际原子能机构的总部以及其他国际机构的所在地。

维也纳既是著名的风景旅游城市，又是人居之城的典范。在欧盟范围内，是生活质量很高、犯罪率很低的城市。在全球咨询机构美世公布的2009年全球最宜居城市排行榜，维也纳高居榜首，是世界生活质量最佳的城市。[12]

(1) 生态环保领先城市

奥地利是个很有环保观念的国家，自加入欧盟以来，进一步加强了环保建设和研究。作为奥地利的首都，维也纳无疑走在了前列，维也纳在生态环保方面取得的成就已为其他城市树立了典范。

维也纳很早便开始了生活废弃物的资源化利用。他们有领先而全面的垃圾分类处理技术，在城市随处可见分类回收的垃圾箱，而且对废弃物进行细致而严格分类。他们的垃圾处理工艺也是十分领先的：利用垃圾焚烧产生的热量转化为热能用于供热；将泔水油转化为生态柴油，污染低废气少。[13]

(2) 兼具古典与现代气质的都市

维也纳老城被列为联合国世界文化遗产。长4km，宽60m的环城大道环抱着美丽的维也纳古城。维也纳老城不大,却保存着大量的巴洛克式、罗马式、哥特式建筑(图4-8)。

维也纳老城经历过两次世界大战,许多被战争破坏的建筑基本按原样修复或重建。维也纳古城建筑的内部的卫生设备,供水、供暖、排污系统等都是处于不断地更新改造中。[14]新建筑集中在内城以外,现代气息浓烈。

(3) 舒适的休闲城市生活方式

维也纳人生活中有两样不可或缺的:音乐和咖啡。咖啡是维也纳人的一种生活方式。[15]在维也纳咖啡馆已成为一种民族文化,咖啡已经超越了它的本身。在维也纳,咖啡馆已被人们当成了自家的客厅。

在维也纳,浓浓的艺术气息弥漫着整个城市:随处可见音乐家雕塑或故居,音乐会,街头音乐表演。生活在音乐之都的维也纳人民对不同风格的音乐给予同等的尊重,他们对外来文化宽容的态度形成了今日维也纳的多元音乐文化。热爱音乐的维也纳人民,似乎与生俱来了这种独特的艺术气质。

(4) 便捷的城市交通

在维也纳几乎不会遇到堵车现象,即便是在不太宽敞的老城街道,这要归功于维也纳快捷发达的交通体系以及人性化的设计,地铁、电车、公共汽车交织成一张错综复杂的立体交通网。同时她的公交设施设计也是十分人性化:地铁门手动打开,自动关闭;电车、小火车和公共汽车的车身前有着醒目的车次号及行驶方向。在维也纳除了在大道的十字路口由红绿灯控制外,其他道路上的汽车都是礼让电车和行人的,电车轨道设在道路中间,隔开上下行汽车道。

(5) 有效的社区管理

维也纳不仅在规划和建设上富有成效,其城市管理也井井有条。维也纳一共23个区,由内城向外扩展,每个区都设置了社区管理部门,主要负责社区文化艺术活动的开展、社

图4-8 维也纳街景

(图片来源:陈学博摄。)

区危房改造与社区青少年教育等。[16]心理学家进入社区管理机构,解决社区居民间的矛盾以及协调利益冲突。老旧住房的翻新改造也全部由社区管理部门实施完成,资金来源于维也纳政府,不管是公房还是私房,只要申请通过,政府都会出资维修。

4.2.2 北美洲宜居城市建设

1. 温哥华

温哥华为加拿大西部不列颠哥伦比亚省(British Colombia)濒临太平洋岸的海港城市,隔乔治亚海峡(Strait of Georgia)与温哥华岛遥遥相望,紧临美国华盛顿州,依山傍海,是不列颠哥伦比亚省第一大城市,[17]2008年人口约200万。

温哥华虽处于高纬度,但由于受南面的太平洋季风和暖流,东北部的落基山的影响,终年气候温和、湿润,环境宜人,是加拿大著名的旅游胜地,也是目前世界上最适合居住的城市之一(图4-9)。2003年、2004年被美洲旅行社协会授予"美洲最好的城市",2004年被国际城区协会授予"城区建设奖",2005年被英国《经济学家》智囊团(EIU)授予"世界最适宜居住的城市"。[18]2009年6月8日,英国《经济学家》信息部公布了最新世界宜居城市榜,温哥华位居榜首。

图4-9 温哥华滨水环境

(图片来源:http://cn.toursforfun.com/vancouver-tours/? gclid = CKeA0dTM_ p4CFcovpAodvWosUQ.)

(1)环境第一的城市发展理念

针对佛斯河盆地的土地和水域受到严重污染的问题,温哥华市政府通过修建污水管网、净化被污染的土地、整修地下排水系统、对部分海岸线进行特殊设计等有效措施,使曾经被严重污染的佛斯河盆地面貌一新,成为人们旅游、娱乐的最佳选择。

每年春天,温哥华都要举行"环保周"活动,从公立学校到私人企业,都宣传鼓励人们上下班(学)乘坐公共交通工具,或是几人共用一辆车,或是骑自行车、步行,学生和职员都把这当回事认真去做。[19]正因为居民较强的环保意识,人与自然和谐相处的局面才在温哥华得以实现。

（2）适应后工业社会需求的舒适社区

为了适应新形势下新的生活方式，温哥华市政府积极创造条件，全新的环境基础设施和社会服务设施已经在佛斯河盆地建立起来了。前者包括开阔的绿色空间系统、新建的防浪墙、滨水步道以及场地以外的其他相关设施，后者则包括了从幼儿护理到艺术表演所需要的所有设施。[20]温哥华的每个社区都有自己的活动中心，拥有完备的运动、休闲、娱乐设施，而且至少建设有一个教堂。这些公共服务设施全部由政府投资建设，而且社区住宅都必须经过严格的规划。

（3）创建宜人的城市生活方式

温哥华市政府在市中心修建了5个巨大的公园，占地面积17hm^2，占总土地面积的25%，即使不把3hm^{2}的滨水大道和其他公共开敞空间计算在内，温哥华的绿化指标也已经超过1hm^2/千人。

在滨水地带，各社区均建有内部的商业中心和商业街，各种服务、餐饮、娱乐和文化设施也一应俱全。从布局来看，居民居住社区和各种服务设施多与公共开敞空间联系在一起，环境优美，交通便利，可以就近为居民提供服务。[20]

在温哥华，所有的开敞空间都围绕佛斯河盆地分布。滨海区4个大型公园，面积12hm^2，几乎占据半数的海岸线。由于人们在开敞空间有不同的活动需求，开敞空间的类型也多种多样。运动、散步、聚会、野炊、休闲、旅游、赏景等不同的活动都可以在不同的开敞空间进行。此外，有些娱乐和竞技活动还可以在水上进行。

（4）饱含地方特色的建筑

根据温哥华市政府视觉景观走廊规划中对若干重要城市地段视觉范围内建筑高度的规定，规划人员对高层塔楼的形态和高度进行了精心设计，以保护城市北部以开阔的雪山为背景的重要城市景观。[20]

以温哥华历史遗产保护区——耶鲁城（Yaletown）为例。在温哥华城市建设发生巨大变化的背景下，市政府投入大量资金用于耶鲁城的修复与建设，建于19世纪末的一批砖石建筑和木构建筑保护完好。本地建筑师在充分尊重建筑物周围环境的尺度、材料和色彩的基础上，根据当地条件创作出了具有明显地方特色的建筑作品。

2. 蒙特利尔

蒙特利尔坐落于渥太华河和圣劳伦斯河交汇处，是通向北美洲的门户（图4-10），是世界第二大法语城市，也是加拿大的第二大城市。1967年举办过规模宏大的世界博览会，1976年承办过奥运会。

蒙特利尔市独特的地理环境和多民族、多文化的交汇使其成为令人注目的世界名城。因它十分出色的城市设计风格，2004年，被加拿大规划协会授予"城市设计完美规划"称号，[21]2006年被联合国教科文组织（UNESCO）授予"设计之城"的称号。[22]

（1）地域鲜明的建筑风格

蒙特利尔拥有欧式优雅与北美时尚完美融合的人文景观，古典与现代交相辉映的建筑，是多元民族文化色彩纷呈的大都会。浪漫、富有创造性的欧洲风情令人叹为观止。千

图 4-10 绿意环绕的圣-约瑟夫教堂

(图片来源：http://www.cq.xinhuanet.com/travel/2009-03/27/content_16083369_2.htm.)

姿百态、风格各异、透示欧陆文明的建筑艺术更是让人流连忘返。城市建筑与周围环境巧妙地融合在一起，形成了独特的风格。

蒙特利尔在户外形成的这种具有长期保存性的艺术载体，成为一个永不关门的博物馆[23]，提供了丰富的文化环境，使市民能随时随地受到艺术的熏陶。

(2) 设计之城

为提升城市的生活质量与吸引力，促进可持续发展，1995年诞生了"蒙特利尔商业设计"（Commerce Design Montreal）计划，鼓励设计专家与商务人士进行合作，通过设计师和建筑师的共同努力使市民以及外来居民更加热爱这座城市。在联合国"2006年迪拜国际改善居住环境最佳范例奖"会议上，蒙特利尔商业设计被评为"48个最为成功的实践"之一。

如今，设计已经成为蒙特利尔市一个充满活力的行业，一股集构思、创造、规划、生产和管理于一体的强大力量，影响着市民的社会生活，对城市经济、文化的发展，提高城市活力产生着积极作用。[21]

(3) 十分重视环境质量

蒙特利尔市政府重视改善城市环境，实施了以保证良好环境为核心的城市规划。同时，注重环保科研与开发，使这座城市在水源的保护、污水废水的处理、污染土壤的分类与改造以及垃圾和废旧物品循环处理各方面具有独到之处，引起了世界许多国家的关注。由于该市的环保科学研究处于世界领先地位，被誉为北美的十大环保科学城之一。[24]

在城市绿化方面，蒙特利尔把"让大自然回到城市，回到市民身边"作为城市绿化美化的目标。通过促进绿化活动，推进了城市环境建设，给市民提供了良好的工作生活环境。

(4) 城市充满活力

蒙特利尔十分重视公共活动，曾举办了大量野外联欢节等活动，人们生活方式有了更多的选择。例如，在严冬季节里举办"阳光节"，鼓励市民外出感受冬季的温暖，促使市民锻炼身体，增进彼此感情。[25]

这里景色优美，文化底蕴深厚，花园众多，公共设施先进，户外运动多样，人们的生活悠闲自在，城市充满活力和吸引力。

(5) 适应寒冷气候的地下之城

基于极端气候条件的不利影响，蒙特利尔市在地下修建了一个著名的地下城，总长32km。地下城中大量的人行通道使人们在冬天也能像夏天一样惬意地逛商店和餐厅，并能通过建筑物的天井享受自然阳光。市民和游客可以从地下到达目的地，地下走廊也将与越来越多的新建建筑相连。地下通道的设计开发逐渐演变成一次通道的文化革命，它的便利性和实用功能直接惠及当地居民和外来客人，极大地促进了城市经济和贸易的发展。

3. 2005年美国最佳居住地

2005年，《财富》杂志评出的全美最佳居住地前十名分别是新泽西州的墨尔斯、华盛顿州的班布里奇岛、伊利诺斯州的纳珀维尔、弗吉尼亚州的维也纳、肯塔基州的路易斯维尔、罗得岛州的巴林顿、威斯康星州的米德尔顿、佐治亚州的桃树城、新泽西州的查塔姆和加利福尼亚州的磨坊谷。[26]

可以看出，排在美国宜居城市榜前列的城市几乎全都是小城市。随着时代的发展，美国人越来越倾向于寻找一种不同于大都市的生活方式，他们更愿意住在中小城镇里。

(1) 新泽西州：墨尔斯

2005年墨尔斯城被《财富》杂志评为最适宜居住的城镇，更多的人回到这里。

墨尔斯工作条件很不错。这里有洛克希德·马丁公司的（美国大型军用飞机制造商）雷达系统研究所；同时，计算机科学公司和PNC银行也可以提供大量的就业机会；另外，大约一半左右的劳动力在费城就业。

这里房子很漂亮，顶尖的学校特色突出，价格也较合理。虽然过去5年，城市房价上涨了大约50%，但和其他东北部大城市的郊区比起来，墨尔斯城的房价还是可以接受的。

高速公路交通条件便利，去新泽西海滩仅有不到1小时车程，到相反方向的纽约城也不过90分钟。但是，国内主要公路没有穿过墨尔斯城，而是经城市建成区之外；同时拉瑞尔山麓新开的购物中心加重了市内交通的负担，不少农田也逐步为各大商业分支机构所侵吞，对城市的未来发展是一个挑战。

(2) 华盛顿州：班布里奇岛

班布里奇岛是一个面积大约为28平方英里的小城镇，由这里坐船去西雅图市中区大约需要35分钟，由于发展了良好的往返交通，这里的居民近半数的劳动力都在西雅图工作。

学校令人满意，孩子上学读书，接受好的教育不用担心；房屋价格合理，也是吸引居民的重要因素；同时风景优美，环境优越，繁茂的森林和优美的水景也会给人们留下深刻的印象；交通条件和互联网等共同发展促进了岛内旅游业的发展。

(3) 伊利诺斯州：纳珀维尔

纳珀维尔是美国伊利诺斯州杜佩奇县的一个城市，小部分位于威尔县。面积92km^2，2007年人口为147779人，是该州第四大城市。

纳珀维尔拥有独特的属于小城的安静与平和，沿着河边小道（度帕格河所建的5英里长砖质小道）漫步，每个人——年轻的父母、孩子还有老人——都会随时驻足和旁人闲谈。在拥有这种闲适生活的同时，纳珀维尔——这个拥有六位数人口以及足够多的购物设施、首映影院和餐馆的地方——亦是一个不折不扣的现代城市。对成年人来说，适合他们的娱乐地点有市中区的热闹酒吧，还有每个周末由政府出资组织的音乐汇演和其他大型娱乐活动。

这个城市发展的最大不利因素是：出城约两分钟车程，你便会发现自己陷入了高速公路的拥堵；随着纳珀维尔知名度的上升，房价也直线飙升；很多旧房子都被拆掉，用来建造斥资百万的高级住宅。

（4）弗吉尼亚州：维也纳

美国弗吉尼亚州的维也纳是一个充满历史气息的城市，每年都为孩子们组织历史夏令营，接受历史教育；同时维也纳还有一流的学校教育，本地高中从来都是全国最好的。

维也纳可以给人们提供一种华盛顿特区其他近郊城镇所不具备的居住感受。这里拥有良好的工作机会，诸如IBM、美国在线一类的著名公司都在此地设有办公机构。维也纳离华盛顿特区仅12英里，那儿可以提供大量的联邦政府行政工作机会；维也纳还拥有全国唯一的艺术表演国家公园——狼谷，这里的室内和室外音乐会、舞会、戏剧表演终年不断。

在这里，大家也不是没有抱怨的，枫树大街的交通状况就深为居民所抱怨，交通高峰期在这里走两英里就得花上25分钟。另一方面房源也容不下这么多的就业人口，过去的五年里，维也纳房屋均价几乎翻了一番，好在这里的财产税并不太高。

（5）肯塔基州：路易斯维尔

路易斯维尔是美国肯塔基州最大的城市，位于肯塔基州中北部，与印第安纳州只有一河之隔，为俄亥俄河南岸的主要港口城市。该市面积$1032km^2$，人口70万（2005年）。与美国其他城市的滨水地区一样，这里建造了铁路、公路、工厂，交通条件的改善加速了城市的郊区化，以至于晚上市区就成为一座空城。1986年，路易斯维尔市成立由市、县和州政府代表组成的河滨开发公司，着手开发河滨地区，以此为契机促进城市的复兴。

这个远离维尔德的拥挤与喧哗的郊外小镇，路易斯维尔城的人们谈起自己的家乡时总会觉得它是庇护所，可以惬意地生活。市中区是一条没有红灯停车标志的街道，道路两旁是百年木制建筑，在这些建筑里，你可以找到卖千奇百怪小东西的商店以及提供塔罗牌（西方流行的算命工具）读物的咖啡屋；如果想要去麦克·卡斯林·布雷威德（路易斯维尔主要的购物区）只需要在并不拥挤的道路上行驶很短一段时间；同时，附近还拥有大滑雪场、可供远足的山脉、攀岩场所、高尔夫球场等，都不过一个小时的车程。

然而，天堂般的生活是要付出代价的。这个地区在最近的科技转型中便受到了冲击，下一次的科技转型可能会带来更为严重的后果。

（6）罗得岛州：巴林顿

巴林顿三面环水，是一个位于那瑞·冈赛特湾的小城，在这里，人们可以体会到保持着的20世纪早期避暑胜地的悠闲气息。

虽然巴林顿房价有所上扬，但是比起诸如纽波特等更有名的邻近城市来，它仍然是一个更好的经济实用型选择；而且巴林顿六所公立学校的测试成绩在罗得岛州名列前茅；同时它的地理位置很好，距位于西北方向正处于经济复兴中的普罗威登斯仅10英里，距很多人的工作地点——波士顿，仅75分钟车程。

当居民们不在水中休闲娱乐、消磨时光时，他们就会蜂拥到东海湾自行车道上去，这条路长17英里，把巴林顿和普罗威登斯、布里斯托尔都连接了起来。

（7）威斯康星州：米德尔顿

当地的教育让居民自豪。全国测试三年平均分的统计结果表明，米德尔顿的学生在所有的科目中均名列三甲，虽然这里的居民会时常抱怨为了取得卓越成绩而征收的较高的财产税（增大教育投入），但是这里还是可以提供大量施展个人抱负的机会。

米德尔顿离州府麦迪逊仅5英里，那里是威斯康星大学主校区的所在地。米德尔顿除了可以提供教职和政府公职以外，法律事务、生化技术产业和医药产业也可以提供大量的就业机会。

那些家境殷实的人们都跑去了米德尔顿山，那里由弗兰克·劳埃德·赖特筹资新建的居住区，一栋房子要价45万美元以上，而买一栋位于市区的好房子只需要花一半的钱。但是在米德尔顿你却可以享受到穿越式滑雪或徒步原始丛林所带来的新鲜刺激感受，这里也可以提供绝大部分的生活娱乐，以满足人们的娱乐要求。

（8）佐治亚州：桃树城

桃树城没有其他著名美国城市那样深厚的历史底蕴，但是它却可能成为未来城市的典范。20世纪50年代，开发商们看中了这片位于亚特兰大西南方向29英里的12000英亩的农田，并把它改造成为一个拥有四个村庄和两个人工湖的居住社区——桃树城。

虽然这里的每个村庄都有自己的商业区、公园和学校，但是四个村庄的居民却像一个大家庭，总长88英里的高尔夫球车道把四个村庄连成了一个整体，几乎每个家庭的车库里都有一辆高尔夫球车。

桃树城的教育体系很完备，犯罪率几乎为零。尽管过去十年中亚特兰大城市建成区飞速向外扩展，但桃树城依旧为绿树青山所围绕，这都得益于当地一项限制地产开发与商业用地的法规。"在这里生活的感觉如此美好，会让你在不知不觉中放慢生活的脚步，去细细体会这一切"，市长斯蒂夫布朗对此颇为自豪。

（9）新泽西州：查塔姆

距离纽约市仅24英里的查塔姆，看上去很像一个新英格兰小镇，而不是一个大都市的郊区。当地居民一般都会聚集在贝多芬餐馆吃午饭并聊聊天，到了周末，这里又成了欣赏爵士乐表演的好去处。上班族坐火车去曼哈顿仅需45分钟，所以并不是每个人都在纽约工作，一些大公司的总部也都设在附近（包括朗讯电气公司和切林机械公司）。

这里有铁路（九年前开通）直达纽约，中学教育也是一流的，这本是优势，但随之而来的是查塔姆极高的房价。购买一栋稍微像样一点的房子就得花上至少60万美元，大部分的房屋价格还远远超出这个数。

（10）加利福尼亚州：磨坊谷

磨坊谷离金门大桥14英里，不久前这里还是艺术人士和嬉皮士的聚居地，现在，网络新贵、公司高层人士以及音乐制造商都蜂拥而至,这都说明该地富有吸引力。

同时,这里的居民依然保持着当地那种低调的、回归自然的生活方式,他们宁愿选择羊毛和平底鞋,而不是高级皮草和高跟鞋。与此同时,磨坊谷高昂的房价给人的感觉就如同邻近的塔马尔帕斯山的景色一样,令人目瞪口呆。

4.2.3 亚太宜居城市建设

1. 新加坡

新加坡位于北纬1°,国土面积646km^2,人口320万,和中国许多热带城市有着相似的气候条件。以"花园城市"而闻名的新加坡迄今为止,已连续十年在世界宜居城市排名榜中荣登"最适合亚洲人居住的世界城市"以及"最适合欧洲人士居住的亚洲城市"榜首。[27]

(1) 高品质的城市公共空间

早期新加坡的城市空间存在着分散化和集中化两种空间效应。以公共住房和新镇为主的空间分散发展沿着这种环形的走廊和城市外缘分布,以商业为主的城市核心区重建则与现有居民的拆迁安置同步进行。经过了约30~40年的发展,一个规模达300万 m^2 的城中区商务办公中心慢慢形成了。[28]

2001年,新加坡市区重建局在全岛总体概念规划中提出了"林荫大道"提案,旨在发展更宜人的城市活动走廊。新加坡十分注重建筑环境设计,建筑风格明快活泼,还因地制宜推行底层架空的公共住宅形式,既利于通风和缓解潮湿,也提供了遮荫舒适的活动场地和环境。[29]~[31]

(2) 完善的基础设施系统

美国美世人力资源咨询公司(Mercer)的2009年环球城市生活素质(Quality of living)评级结果表明,新加坡已连续四年成为亚洲生活素质最高的城市。今年的调查报告特地突出其中一项元素——城市的基础设施,新加坡以109.1分居世界之冠,[32]足见其基建成果斐然。

高度发达的公共交通。新加坡用环形空间模式发展整个地区,以车流限制区的概念延伸步行流动的空间尺度并减少车流限制带来的不便。PRT(个人快速捷运)及ICVS(智慧型社区交通系统)等新技术的广泛应用,确保了整个地区大量人流的快捷运送。

新加坡住区独具特色的连廊(Link way)系统和充满人性关怀的步行道设计,使得人们的出行更为畅通和便捷(图4-11)。

新加坡还推出"智慧岛"等新的规划建设,以实现经济、社会和环境发展的平衡和可持续发展目标,将新加坡发展成为一个更具活力、环保的"宜居环球城市"。

(3) 名副其实的花园城市

为提高花园城市的建设水平,新加坡在不同的发展时期都有新的目标提出。其创建花园城市的设计思想和手段可以总结为:采用非对称形式,建起绿色的覆盖层,为风景点缀色彩,重视果树,建成公园网络,"软化"水泥建筑,绿化已开垦的土地,保护和发展之间的平衡等。

图 4-11 城市街道

(图片来源：http：//image. baidu. com/i？= 503316480&z = 0&tn = baiduimagedetail&word = % D0% C2% BC% D3% C6% C2&in = 6398&cl = 2&cm = 1&sc = 0&lm.)

公共绿化特色鲜明。 新加坡在公共住宅区的绿化设计中凸显"亲近自然"的主题，在尊重原有地形的基础上，通过利用东南亚常见热带植物呈现鲜明的地方特色。露天绿化不设隔断，更显自然亲切，而完善的建筑底层架空和连廊系统的结合所提供的空间也往往被绿化为阴凉的步行系统。

（4）优良的社会保障系统

新加坡政府高度重视改善民生问题，追求和谐、平等的社会，并以此为着力点，按照"效率优先，机会平等"的价值理念构建了适合本国国情的社会保障制度[33]体系，有力地促进了新加坡和谐社会的建设。另一方面，政府积极推行培育全面发展的"新加坡人"的活动，并通过社区教育等多种手段提高新加坡人的素质水平。

2. 墨尔本

墨尔本是澳大利亚第二大城市，是有"花园之州"美誉的维多利亚州的首府，也是澳大利亚的工业重镇。它位于澳大利亚的东南海滨，濒临菲利普港湾顶端的亚拉河口，是一个港口城市。冬季气温一般维持在3~15℃左右，夏季气温多在20~35℃之间，属于亚热带与温带交叉型气候。[34]

墨尔本以绿化、时装、美食、娱乐活动、文化及体育活动而著称。维多利亚式的建筑物、有轨电车、剧院、画廊、博物馆以及绿树成荫的花园、街道，构成了墨尔本市典雅的风格。[35]

墨尔本于1901~1927年曾经是澳大利亚的首都，1927年迁都堪培拉。这些历史与新发展都成为墨尔本宜居性提升的重要基础。

（1）居住环境舒适

在EIU的世界最佳居住城市的评选中,墨尔本数次名列前茅。在墨尔本,花园绿树成荫、道路宽敞笔直、新旧建筑交相辉映,您能找到世界上最适合人类居住的城市所具备的一切(图4-12)。

图4-12 墨尔本民居

墨尔本面积4360km²,绿化覆盖率高达40%,在建设之初就考虑到园林建设和绿化。墨尔本有公园400多个,最为引人注目的是一个有着160年历史的植物园,这个免费对公众开放的公园里有150万种植物标本,60多种野生鸟类和来自世界各地的51000种植物,是一本人见人爱的"植物百科全书"。[36]

(2)知识为产业注入活力

墨尔本原本是澳大利亚的工业重镇,工业现代化程度很高。但发达的工业并没有造成环境压力,主要得益于知识为产业注入的活力和清洁技术的发展应用。

墨尔本的产业呈现出以城市为依托,以大学、企业和研发机构为主体,以园区为重要载体的知识型城市经济格局。在墨尔本,各大学不仅是教育中心,而且还为社会源源不断地提供知识创新成果、高新技术人才以及创业家,扮演着重要的科技中介服务机构的角色,推动着高新技术的开发与应用,实现高新科技的商业化、市场化和规模化。

(3)文化之都

墨尔本是澳大利亚的文化、艺术重镇。维多利亚国立画廊建筑宏伟,收集的作品数量众多,涉及的内容广泛。同时,维多利亚艺术中心为游客提供了世界级的歌剧演出、最新的百老汇演出、芭蕾舞、戏剧或音乐会,应有尽有。

墨尔本又是一个移民聚居的城市,根据2006年的数据,每年大约有10万名新移民抵达澳大利亚,当中约1/3在墨尔本定居。移民在墨尔本开始他们新生活的同时也带来了各自民族的传统和习惯,丰富了墨尔本的文化内涵。[37]

(4)建筑风格富有特色

墨尔本拥有全澳唯一被列入联合国"世界文化遗产"的古建筑,有辉煌的人文历史。

墨尔本的古建筑主要是20世纪80年代以前的建筑，它不仅是古代建筑艺术的展览舞台，也是欣赏维多利亚古典建筑的博物馆，诸如弗林德斯街火车站、圣保罗教堂、街区拱廊、花园似的民宅等，每一处都让人驻足轻叹。[37]

墨尔本的考林街被称为金融街，是澳大利亚的经济金融中心。虽然是金融街，但街道毫不俗气，两旁古色古香的建筑，俨然一个活生生的建筑博物街。还有多家古老的大教堂，成为城市发展历史的象征，使城市的轮廓线更加生动。[38]

参考文献

[1] 阿三. 法国人之所以浪漫，是因为有普罗旺斯[J]. 西部广播电视，2008（3）.

[2] 阿三. 香气四溢普罗旺斯[J]. 大科技（百科新说），2008（12）.

[3] 杨翼. 秀庄端美——苏黎世[J]. 足球俱乐部，2008（7）.

[4] 陈烨. 苏黎世老城的保护与发展[J]. 观察与评论，2004（2）.

[5] 郝凝. 美丽的宜居城市苏黎世[J]. 环境与生活，2009（6）.

[6] 李昕. 日内瓦：和平之都[J]. 英语沙龙，2003（5）.

[7] 李忠东编译. 阿姆斯特丹掠影[J]. 当代世界，2001（11）.

[8] 关海彤. 阿姆斯特丹别具一格的城市[J]. 文明，2002（2）.

[9] 王建清. 阿姆斯特丹——独具特色的荷兰水管理[J]. 城市管理与科技，2008（5）.

[10] Peter Badcocd, Amsterdam Metro Reaches New Depths, IRJ, 2006（10）.

[11] 秦浩峰. 低层高密度住宅——荷兰阿姆斯特丹码头改造[J]. 世界建筑，2006（3）.

[12] 杨梅子. 金色的维也纳[J]. 环境教育，2009（7）.

[13] 李忠东. 环保之都——维也纳[J]. 资源与人居环境，2007（23）.

[14] 资中筠. 访旧得旧的惊喜——重游维也纳[J]. 北京观察，2004（12）.

[15] 秦昭. 咖啡浸泡的维也纳生活[J]. 世界博览，2006（5）.

[16] 邱莉莉. 维也纳的老城社区管理[J]. 社区，2006（5）.

[17] http://www.weilan.com.cn/NewsView.asp?ArticleID=3977&classid=5.

[18] 吴仁. 温哥华概况[J]. 城市建设与规划，2005（4）.

[19] 杜以会. 温哥华：最适宜居住的城市天堂[J]. 中国房地信息，2009（5）.

[20] （加）B·韦斯曼. 温哥华太平洋协和区的建设成就[J]. 中外建筑，2000（2）.

[21] 联合国教科文组织设计之城——蒙特利尔，加拿大[J]. 建筑与文化，2007（11）.

[22] Denis Lemieux. 蒙特利尔：设计之城[J]. 建筑与文化，2007（4）.

[23] Claude Marrie, Christian Barre. 蒙特利尔公共艺术载体[J]. 建筑与文化，2007（4）.

[24] 高仁凤. 蒙特利尔的环境保护与环境绿化[J]. 北京规划建设，2001（4）.

[25] L'equipe de NIP Paysage. 蒙特利尔城市活动[J]. 建筑与文化，2007（4）.

[26] http://money.cnn.com/magazines/moneymag/bplive/2005/index.html.

[27] 新加坡打造宜居城市"模范生"打包城市规划经验出口到全世界. http://www.shandongbusiness.gov.cn/index/content/sid/73092.html.

[28] 杨沛儒. 城市核心区设计：新加坡的亚洲经验[J]. 城市规划，2005（3）.

[29] 新加坡是亚洲生活素质最好的城市. http://www.rcsingapore.com/html/367.html.

[30] 新加坡社会保障制度独具特色. http://www.rcsingapore.com/html/477.html.

［31］于一凡．新加坡的居住环境设计［J］．城市规划，2001（2）．

［32］白伟岚．从"花园城市——新加坡"看中国园林城市建设［J］．规划师，2000（1）．

［33］王飞．"花园城市"新加坡探秘［J］．生态经济，2006（1）．

［34］http：//bbs.hljradio.com/htm_data/143/0711/334927.html.

［35］王小雨．东方航空．

［36］秀如．先栽树，后盖房——墨尔本新开发居民区绿化纪实［J］．国土绿化，2005（4）．

［37］谢琤．澳洲建筑印象．重庆建筑，2006（Z1）．

［38］http：//baike.baidu.com/view/14376.htm?fr=ala0_1_1.

5

国内城市宜居性建设典型案例分析

5.1 环渤海地区

5.1.1 大连

大连市位于辽东半岛南端，西北濒临渤海，东南靠近黄海，与山东半岛隔海相对，共扼渤海湾，素有"京津门户"、"东北之窗"的美称。1997年被评为"国际园林城市"，两次获得"全国环境综合治理十佳城市"奖，1999年获"国家环保模范城市"奖，2001年被联合国环境规划署评为"全球环境500佳城市"，2005年，零点集团和新闻周刊联合调查评选全国宜居城市，大连位居第一。[1]

1. 宜居环境建设的典范

大连市在发展过程中，克服了种种"城市问题"，扫除了城市发展的障碍，创建了良好的宜居环境。

大连首先进行城市绿色空间和园林景观建设。在这个过程中拆除了大量绿地系统的建筑性障碍，把一些重污染企业搬离市中心，增加了市中心绿化的可利用空间。其次，大连在城市建设中限制建设规模，提高建筑水准；重视质量，保证数量；始终把城市环境发展作为第一方针。

为达到最佳人居环境和实现生态园林城市的目标，大连市还采取了以下措施：①城乡结合，建设好森林生态环境；②认真实施城市绿地系统规划；③加快老城区西北绿化环境建设；④加快金州、旅顺、开发区城区周边环境绿化建设；⑤坚持适地适树原则，保护物种多样性；⑥城市园林绿化坚持以植物造景为主并保护好近郊区的自然生态环境。[2][3]

2. 多元化的海滨城市建筑风格

大连建筑注重历史的延续，重视生态和亲水性，体现时代精神。既保持特有的建筑文脉，又融合了欧式、苏式等多种建筑风格。

山海景观是大连住宅建筑的亮点，建筑师在设计中注重自然生态和以人为本的居住氛围，提高环保、节能的科技含量，以丰富的内涵体现时代精神；同时充分利用现有地势，创造多变景观，实现多重景观效应。

再者城市建筑风格各异。有古罗马的柱式建筑、欧洲的圆穹式建筑、巴洛克式建筑、拜占庭式建筑、日本别墅式建筑、中国古典式建筑等，因此大连建筑是古老与现代、典雅与浪漫、传统与西洋的完美融合。[4]

3. 系列化的文化休闲广场

大连全城有80多个广场，绿地、白鸽、雕塑、喷泉，还有独具特色女骑警和圆舞曲共同塑造了大连的广场文化。

海军广场是世界上第三个以海军命名的广场，浮雕墙和海军战士塑像展现了中国海军发展的历程；位于大连华尔街的中山广场是中国第一个音乐广场；海之韵广场是大连唯一的临山观海广场，也是国内超写实雕塑最多、最大的广场；奥林匹克广场是大连足球城、田径之乡的再现，展示着大连崇尚体育的城市之魂；还有总面积110万 m^2 的星海广场

（图5-1），是亚洲最大的城市广场，展示了中华特色文化。总之，广场已经成为大连一道独特的风景线。[2][3][5][6]

图5-1　星海广场

（图片来源：http://www.hztt.com/Tour/2006/0414/000016AXBXYPQ000.shtml.）

5.1.2　秦皇岛

秦皇岛总面积7812.4km²，北戴河、山海关、海港区三个区由海岸相连，绵延120km，金色海岸构成了理想的海滨浴场。秦皇岛森林覆盖率达到40.40%，建成区绿化覆盖率达到42.7%，整个城市犹如富含氧离子的"天然氧吧"。2005年秦皇岛被中国城市竞争力研究会推选为中国十佳宜居城市，2007年秦皇岛摘得全国绿化模范城的桂冠，让建市不过二十几年的秦皇岛跻身中国名城行列。[7][8]

1. 以北戴河为核心，发展旅游文化

北戴河受海洋气候的调节，夏无酷暑，冬无严寒，气候四季皆宜，全年大气质量保持一级水平，北戴河作为中国现代旅游业的摇篮，早以"避暑胜地"扬名海内外。同时，海滩浴场，山、海、花、木交相辉映中的各式建筑构成了秦皇岛优美的风景线，正因为此，这里成为中国国家领导人的疗养胜地。

以北戴河为核心，秦皇岛大力发展旅游文化，经过多年开发建设，逐步形成了以长城、滨海、生态为主要特色的旅游产品体系（图5-2）；开辟了长城文化、海滨休闲度假、历史寻踪、观鸟旅游、名人别墅、山地观光、国家地质公园、体育旅游、城乡双向游等精品旅游线路；每年举办山海关长城节、孟姜女庙会、昌黎干红葡萄酒节等节庆活动，这些旅游线路和节庆活动都备受国内外游客青睐。[8][9]

2. 发展特色经济

秦皇岛是中国首批14个沿海开放城市之一，已跻身全国投资硬环境40优城市行列，在中国综合竞争力百强城市中名列第29位。

经过改革开放30多年的发展，已形成了以建材工业、金属压延工业、化学工业、机电工业、食品饮料五大产业为支柱的工业体系。这里拥有出口加工区、燕山大学科技园和河

图 5-2 秦皇岛北戴河海滨避暑区

（图片来源：http://www.zhuna.cn/special/qinshui/.）

北省唯一的国家级秦皇岛经济技术开发区，是高新产业的新秀。同时作为罕见的天然不冻不淤良港和世界第一大能源输出港，秦皇岛优越的港口建设条件为其港口经济的发展增添了动力，物流经济也在不断发展壮大。[7][10]

3. 秦皇岛黄金海岸新区的发展

秦皇岛黄金海岸新区东起戴河口，西至滦河口，北至抚宁县境内的京哈铁路、昌黎县境内的沿海高速公路，南至沿海海域，总面积478.38km^2，通过黄金海岸新区发展系统地保护和发展这里的黄金海岸资源。[11]

黄金海岸新区坚持人文生态立区、新型业态兴区的总方针，努力打造人文生态特色滨海新城区。新区以生态旅游发展为主体，培养以农产品深加工、农业服务基地和旅游度假服务为主的现代生态城镇，同时为加强市域沿海地区的交通联系，在黄金海岸新区形成"四纵九横"的道路骨架，加强新区在区内、区外的交通联系。

新区已成为面向东北亚、服务京津冀、辐射环渤海的区域性新型现代产业发展之星、国内著名文化休闲娱乐之都，在产业发展过程中注重自然，同时着眼于与周边地区合理分工、错位发展，成为我国北方经济建设前景良好的生态文明建设示范区。[7][8][11]

5.1.3 天津

天津市地处华北平原的东北部，海河流域下游，东临渤海，北依燕山，西临北京，是拱卫京畿的要地和门户，素有"渤海明珠"之称，是中国北方最大的沿海开放城市，是我国的四个直辖市之一，是我国近代工业的发源地。

天津市在经济高速发展的同时，重视人居环境的改善，获得了多项荣誉称号。1997年，天津市第六次荣列为全国社会治安最好的地区之一；1999年，天津市大港区被国家环保总局授予"中国环境保护最好的城市"称号;2005年获得"2005年度世界七大智能化城市",这是自1999年世界智能化城市评选活动开展以来,中国城市首次入选。[12] 2006年,天津市被国家环保总局评定为国家环境保护模范城市。[13]

1. 中心城区成功建设名街特色文化

天津是国家级历史文化名城,文化源远流长。海洋孕育和发展了天津文化,构成了其开放性、包容性、多元性的特征(图5-3)。天津把保证历史的延续性、维护城市的地方特色,作为实现城市可持续发展的一项重要内容,继承和发扬优秀的传统文化,并不断注入时代精神,避免城市文化趋同,形成天津的特色文化。[14]

图5-3 天津古巷

(图片来源:http://how.i.qunar.com/? p=858.)

天津古文化街——1986年元旦建成开业,位于南开区东北隅东门外,海河西岸,整体建筑为仿清民间式建筑风格,是商业步行街。全街主要经营古玩、字画、文房四宝、碑帖、古籍、杨柳青年画、泥人张彩塑、天津风筝等文化用品,带有浓郁的文化艺术气息。[15]天津音乐艺术街——2009年9月底落成,位于河东区八纬路。此街特色鲜明、业态聚集、装饰靓丽,并逐步扩大影响力、提高知名度,形成天津市文化产业新商圈。[16]天津食品街——建成于1985年,坐落于繁华的南市商业区。这里独特的建筑风格和精美的风味食品令游客印象深刻,能把许多普通民间小吃打造成为名牌旅游商品,如麻花、包子、汤茶、年糕等普通食品都已成为天津的品牌。[17]天津新意街——是一处大型意式建筑群,于1902年建成。其中包括马可波罗广场和众多休闲的酒吧、咖啡厅、餐馆、艺术馆、博物馆和露天影院等。在这里可以品尝到纯正的比萨饼、意大利面条等意式小吃,欣赏到意大利风情表演,观赏到意式风貌区的风采。[18]

2. 加强海河环境治理，建设宜居天津

海河是天津的母亲河。天津市在保证防洪的前提下，对海河进行了综合治理。经过改造工程实施，古老的海河新装亮相。海河两岸新增绿地面积近 20 万 m^2，栽植乔、灌木近 8 万株，新植花卉近 40 万株。经环保部门测算，海河沿岸的绿化带每天可吸收近 100t 二氧化碳，释放出约 70t 氧气，海河沿岸成了中心城区的天然氧吧。

同时，天津市对市容环境进行了综合整治。2008~2009 年两年，累计完成拆迁 441 万 m^2，整修楼房 7506 栋，新建提升绿化面积 1.1 亿 m^2，使天津城市建成区绿化覆盖率达 38.5%，人均公共绿地面积达 $8m^2$。为了服务市民，天津市把环境整治延伸到居民家门口，净化、绿化、美化、亮化同步实施，使居民社区环境、出行条件都得到根本改善。

3. 以名园建设推进生态园林城发展

天津市自然地理条件优越，拥有山、河、湖、海、湿地、平原等多种地貌景观，尤其具有丰富的湿地资源，具备建设生态城市的良好条件。围绕着发展海洋经济、海河经济的战略，天津市努力改善人居环境，提高城市品位，完善公共设施，通过构建风景路、风景河，形成其园林绿化大骨架，深入建设各个城区的大小公园、社区绿地景观线、"三小"绿地景观点，点、片、线状的城乡绿化相连，形成了天津市特有的园林风貌。特别是四大园林建设已经成为天津市的标志性建设：[19]

"北洋园"——位于北运河右岸，桃花堤和北洋桥之间，它是运用现代环境建筑学的设计方法诠释北洋大学发展历程的纪念性园林，使人们在休闲中感悟历史。"滦水园"——北运河防洪综合治理中最大的园林景观，体现了引滦入津给天津带来的巨大变化和天津人民开创新未来的美好前景。"娱乐园"——一个集游戏与赏景为一体的休闲娱乐场所。全园由沙坑、装饰柱、音乐驳岸、装饰驳岸、趣味铺装、运河之子、希望 7 个景观组成，各种园林景观、休闲设施到处可见。"御河园"——位于北运河左岸，全园由浮雕景墙、篇章、浮龙顺水、诗歌之路、传说之路、古锚、仿古码头 7 部分组成。园内充满了浓郁的漕运文化气息，更有草坪、树木和休憩座凳，让人流连忘返，乐在其中。

4. 滨河新区开发成为推动京津冀都市圈发展的引擎

滨河新区带动了中心城区和区域的发展。滨海新区位于天津东部沿海，包括塘沽、汉沽、大港三个行政区和正在建设的八个产业功能区及中新天津生态城，规划面积 2270km^2，海岸线 153km，人口 172 万，具有多方面的比较优势，已经成为我国最具潜力、最有活力的现代化经济新区。滨海新区具有区位优势明显、产业基础雄厚、对外开放度高、科技资源密集、政策优势突出、自然资源丰富等六大优势。滨海新区将成为我国北方对外开放的门户、高水平的现代制造业和研发转化基地、北方国际航运中心和国际物流中心，逐步成为经济繁荣、社会和谐、环境优美的宜居生态型新城区。[20]

5.1.4 廊坊

廊坊市位于河北省中部偏东，北临京都，东与津门交界，南接沧州，西和古城保定毗连，地处京津两大城市之间，环渤海腹地，位于海河流域中下游，素有"京津走廊上的明珠"之称（图 5-4）。在廊坊人的努力之下，廊坊市在城市建设中走出了自己的特色之路。

2007年，廊坊获得了"中国人居环境奖"。[21]

图 5-4　廊坊滨水人居环境

（图片来源：http：//jiangna. lvvuu. com/jd/dq_ gk. asp? id =290. ）

1. 建设园林式生态型宜居城

作为在京、津两座国际大都市夹缝中发展的城市，廊坊人创新思维，立足区位优势，重视环境保护，提出生态城市建设方案。1998年，市委、市政府把《廊坊市绿地系统规划》纳入《廊坊市城市总体发展规划》，全面启动"营造城市森林，建设绿色家园"工程，确立了"园林式、生态型、现代化"的城市定位，并坚持至今。此外，廊坊市政府还坚持预防为主，在发展中不欠环境新账，严格落实建设项目"环保第一审批权"。[22]

如今，廊坊市已经建成了以大型公园和广场为核心，以绿色长廊为主线，以道路绿化为依托，以街头游园、小区、庭院绿化为点缀，以双环城林带为屏障的网状城市绿化体系，形成了一座"点上成景、线上成荫、网上成格、面上成林"的北方绿城。

2. 走新型经济发展之路

廊坊市紧密结合当地实际，坚持"自主创新、重点跨越、支撑发展、引领未来"的科技发展原则，以高科技、外向型为主导，重点发展现代制造业和新兴服务业，把发展高新技术产业作为主攻方向，以提高自主创新能力、建设创新型城市。同时，充分利用环北京高科技产业带建设、主导产业技术集成创新、科技富民强县示范、农村科技普及和信息传播、可再生资源综合利用、重大疾病防治与公共安全六大科技专项，构筑主导产业技术创新、科技成果转化、科技中介服务、科技创新条件平台等特色的区域科技创新经济体系，实现高新科技廊坊。

会展经济的发展，也为廊坊市提供了新的经济发展道路。廊坊市依托电子信息、会展旅游等主导产业，吸引国内外大型会议、展览，重点培育符合区域特点、贴近大众的展览会、培育品牌展览。随着会展业的不断发展，一大批国际知名展会落户廊坊，使廊坊的会展旅游业迈上了一个新台阶。[23]

3. 服务北京天津的一体化交通设施建设

2004年5月18日，在"中国三大旅游圈合作论坛"上，为进一步促进和加强旅游区域的合作，形成《区域旅游合作廊坊共识》。这个共识打破了地区间的界限，为区域的整体发展奠定了基础。

2009年5月，北京市交通委员会、天津市交通运输和港口管理局、天津市市政公路管理局、河北省交通运输厅，针对加强京津冀区域交通一体化、建立京津冀交通合作协调机制、推进京津冀具体交通项目对接等，共同签署了《京津冀交通一体化合作备忘录》。廊坊市与北京建立了交通对接协商合作机制，加快公路、铁路、航空等交通资源对接，努力实现"无缝对接"和"零换乘"。现已有多条高速公路建设并均与北京、天津对接。廊坊还积极推进京廊轻轨和京沪高铁等重大项目，使京廊人流、物流、信息流融通全面提速。[24]

5.2 山东半岛

5.2.1 青岛

青岛市地处山东半岛南部，全市总面积为10654km²。市区由于海洋环境的直接调节，具有显著的海洋性气候特点。空气湿润，雨量充沛，温度适中，四季分明。迄今为止，青岛市已先后荣获"中国人居环境奖"、"全国创建文明城市工作先进城市"、"国家历史文化名城"、"国家卫生城市"、"国家环保模范城市"、"国家园林城市"、"中国优秀旅游城市"等称号。

1. 品牌城市

品牌是一个城市发展的动力，从海尔、海信，到青岛啤酒、双星，再到澳柯玛，现在青岛已成为全国实施名牌战略最成功的城市之一。品牌城市的发展使青岛硕果累累：目前青岛市共拥有4个全国质量管理奖，10个中国驰名商标和31个中国名牌产品，居全国同类城市前列；世界品牌实验室评出全球最具影响力的100个品牌中，海尔成为惟一入选的中国本土品牌。[25]

青岛品牌已经成为一种"青岛现象"，这种现象的建立不是偶然而是一种必然。青岛的品牌企业注重创新内部结构和多元化的经营，同时政府的政策与保障又为品牌的建立营造了良好的氛围，提供了许多优惠的鼓励政策与条件，引进大量的科研技术人才，注重对优秀企业家的培养，为青岛品牌的建立添加了有力的砝码。

2. 奥运城市

青岛市作为第29届奥运会帆船比赛的承办城市，实现了奥运文化与青岛文化的有机结合。以"奥帆赛"为契机，既向国际展现了青岛的城市形象，又促进青岛对海外文化的吸收与融合，为青岛带了巨大的商机和经济效益，提升了青岛的文化品位，也为青岛"帆船之都"的缔造埋下了伏笔（图5-5）。

奥运对青岛的影响也随着奥运会的闭幕在降温，怎样把握好"后奥运"的发展时机成为青岛目前迫切需要解决的问题。据调查"后奥运"对青岛发展的影响将保持在5~10年左右，为此青岛市现在着力打造体育健身、休闲度假与观光娱乐相结合的高端体育旅游形

图 5-5 青岛帆船

式,将奥帆中心发展成为旅游景区,创建"青岛国际帆船周",[26]因此青岛要利用奥运会的余热不断提升城市的知名度。

3. 旅游特色城市

青岛城市旅游的特色在于"山、海、城、文、商"五个字,[26]体现了青岛海滨城市形象。

从海洋科技和经济发展上看,青岛集中了全国三分之一的海洋科研机构,在青岛工作的高层次海洋科技人才占全国海洋科技人才50%以上。[27]自然优势、海洋科技和产业优势共同缔造了青岛的海洋文化,使青岛荣得"国家海洋科技城"的美誉,被誉为"海上名山第一"的崂山每年更是吸引了不少海内外游客。

青岛的特色不仅仅在于它的山海一色,更体现在它的文商互补和文化背景。青岛国际啤酒节已经成为城市的明信片,具有很高的商业知名度;齐鲁文化底蕴与青岛在历史成长过程中吸收的西方文化共同孕育了青岛深厚的文化内涵。1910年由德国人建成的古堡式"基督教堂"、石花楼、天主教堂等异国建筑巍然屹立,见证着这个城市的历史。

5.2.2 威海

有着"威震海疆"寓意的威海市,是以高新技术产业为主导的生态化海滨城市,海岸线长达1000km,是中国海岸线最长的地级市。由于地处南北平分线的特殊地理位置和受海洋、山林的调节作用,使得这里的气候具有明显的海洋性特征,冬无严寒,夏无酷暑,是最适合人类居住的地方之一。

威海是中国第一个优秀旅游城市群,中国第一个国家卫生城市,中国第一个环保模范城市群,两度获得"迪拜国际改善居住环境最佳范例奖",是2003年度全球唯一获得"联合国人居奖"的城市。[28]

1. 与自然环境结合的建筑风格

威海市地处胶东半岛、黄海之滨,背山面海,海岸线长达近千公里,有众多的港湾和岛屿，自然环境可谓"得天独厚"。因此威海市在城市建设中充分利用自然景观，以环境为背景，形成了"碧海蓝天，红瓦绿树；多层楼房，楼间有隙；楼楼有别，一栋一式；因地制宜，随坡就势；有进有出，有高有低；淡色墙壁，白色门窗"的建筑风格，使建筑风格从总体上融进了"山海城"的自然地理环境之中。

2. 用心的城市绿化

绿色是威海市的城市生命线，威海市在城市绿化中，坚持"见缝插绿，拆墙透绿，屋顶植绿，垂直挂绿，拆硬铺绿"，增强绿化的亲近性、功能性、实用性和艺术性。在这一原则的指导下，威海市加大绿化投入，着力打造城市道路绿化、公园建设绿化、山体园林绿化、滨海园林绿化、绿色和谐社区的新形象（图5-6）。

图5-6 威海滨海环境

（图片来源：http：//image.baidu.com/i？ct＝503316480&z＝0&tn＝baiduimagedetail&word＝%CD%FE%BA%A3&in＝24752&cl＝2&cm＝1&sc＝0&lm＝－1&pn＝139&rn＝1&di＝4031189249&ln＝2000&fr＝&ic＝0&s＝0.）

同时，威海市把"护绿"与"绿线"管制、"绿章"制度相结合，将城市绿化工作纳入行政管理范畴，鼓励公众的积极参与，为城市绿化提供持久的动力。2006年该市市区森林覆盖率达到46.5%，城市绿化覆盖率和绿地率分别达到43.5%和38.77%，人均占有公共绿地面积17.52m²。先后获得"全国造林绿化十佳城市"、"全国绿化先进单位"、"国家园林城市"、"首批国家环保模范城市"和"中国优秀旅游城市"、"全国生态建设示范市"等荣誉称号[29]，为威海的绿化信念奠定了坚实的基础。

3. 特色突出的旅游景观

在威海的千里海岸线上各具特色的旅游景点到处可见。被称为"东方好望角"的成山头、著名的甲午中日战争纪念地刘公岛、凝聚中日韩三国人民友谊的赤山法华院、道教全真派发祥地圣经山、世外桃源圣水观等名胜景观合力将威海推向世界。

近年来，又新建了西霞口野生动物园、圣经山观光索道、甲午海战馆等新的旅游项目和环翠、银滩、石岛湾、天鹅湖四处省级旅游度假区，旅游种类齐全，服务设施完善，结合冬无严寒夏无酷暑的气候特点,为人们创造了优越的旅游度假胜地,不愧"中国第一旅游城市群"的美誉。

4. 完善中的乳山银滩新住区

素有"天下第一滩"、"东方夏威夷"之称的乳山银滩,2002年被国家旅游局评定为国家AAAA级旅游景区,景区地处山东胶东"黄金经济圈"的中心地带,是山东环海旅游线上的一个亮点,也是中国四大旅游板块,北部环渤海"金项链"无障碍旅游圈的重要组成部分。

银滩集山、海、岛、湖、泉、河、林于一体,绵延20里洁白如银的沙滩、可以容纳15万人的天然海滨浴场、海天一色的景观、对人体有益的海水浴、沙滩浴、阳光浴、天然的养吧浴,加上适宜的气候和优美的环境,是天然宜人的居住环境。[30]

乳山银滩正在融入青岛、烟台、威海经济开放运行的大潮中,俗称是青岛的后花园,是胶东半岛最后一块黄金海岸。虽然景区内已经建成潮汐湖游艇度假中心、三观亭、仙人桥、福如东海文化园等人文景观和娱乐设施,但是其基础设施的完备性和功能性建设尚有待于改进和提高,要与银滩的景区建设和住宅设施建设相配套,避免重蹈"现代主义"的覆辙。

5.3 长三角地区

5.3.1 苏州

苏州位于长江下游,太湖三角洲中心,靠近上海、浙江,地理位置十分优越。素有"鱼米之乡"、"丝绸之府"、"人间天堂"之美誉。是我国首批历史文化名城之一,全国重点风景旅游城市,也是全国4个重点环境保护城市之一。

自然的山水环境加之人工开凿的京杭运河,形成了颇具魅力的东方水城,也使苏州成为世界上古老而美丽的运河城市。[31][32] 今日的苏州古城基本保持着"水陆并行,河街相邻"的双棋盘格局,和"三纵三横一环"的河道水系以及"小桥流水、粉墙黛瓦、古迹名园"的独特江南水乡风貌,"第一水乡"周庄是江南水乡特色的杰出代表。

1. 典型的园林文化城市

苏州是中国著名古都,始建于公元前514年,已历经2500多年的沧桑(图5-7为平江历史区)[32],是中国世界文化遗产最多的城市,迄今有9座园林被列为世界文化遗产。苏州昆曲和以虞山派为代表之一的古琴,被列为世界非物质文化遗产。

苏州的园林以私家园林为主,代表了我国宋、元、明、清的江南园林风格。其中大多都已经被联合国世界遗产委员会列入世界遗产名录。

2. 环保健康城市

苏州城为了加大城市生态环境建设力度,提高人居环境质量,自2004年开始在全城范围内开展了"绿色苏州"行动,进一步加强城市绿地规划控制,推行绿线管制制度,加大园林绿地建设。几年来大量各具特色的大小风景园林先后建成,这些公共绿地的建成,不仅改善了城市环境,也极大便利了市民的游憩和休闲。

图 5-7 平江历史区

（图片来源：孟杰摄。）

2008 年，苏州全市环境质量综合指数达到 89.68，环境空气质量良好天数比例为 95.82%，新增绿地 485 万 m²，绿化覆盖率达 42%，污水处理率达 89%。[33]

繁荣富庶的苏州城在医疗卫生等基础设施的建设和投入上付出了很多努力。1998 年，苏州市建成国家卫生城市。2000 年底，成为全国第一个国家卫生城市群。2007 年荣获世界卫生组织表彰健康城市的最高奖项"杰出健康城市奖"。到 2008 年止，苏州共获得 15 个由世界卫生组织和世界健康城市联盟颁发的相关奖项。[33]

3. 新旧城区协调发展

苏州现在是"东园西区，古城居中，一体两翼"的布局，古城居中，工业园区位其左、苏州高新技术区位其西。2003 年 6 月 1 日苏州市正式施行了《苏州市历史文化名城名镇保护办法》，确定了城市历史文化名城名镇的概念、保护范围以及具体措施。古城保护实行"全面保护"的原则，保护整个古城以及与古城有密切的历史、文化景观联系的地段和风景名胜区。[34]

新区建设一方面维护了古城风貌，疏解了古城压力；另一方面形成合理的产业布局，带动了城市经济的快速增长。古城保护与新城建设协调发展，不仅满足人们日益增长的物质文化需要，也为城市提供了一种发展的新格局。今日的苏州可以说是：古城中的新城，新城包围中的古城。

5.3.2 扬州

2006 年扬州获得"联合国人居奖"，让这座江南名城扬名海内外，令人注目。扬州濒江近海，位于中国最具活力的长江三角洲经济圈内，是国务院 1982 年首批公布的 24 座历史文化名城之一，人文景观丰富，名胜古迹众多，古典园林兼具"南秀北雄"艺术风格。城市新增了数百个小游园，丰富了城市景观，真可谓"城在园中，园在城中"。

1. 珍爱古城建设新区

扬州在发展中始终注重保护城市的历史文脉和人文古迹。至今仍保持着"鱼骨状"的街巷体系。在尽可能保存古城风貌的前提下，整治了主要街道的沿街建筑，修复众多文物建筑，维护古建筑风貌、古街区的尺度和空间布局。

为加强对城市物质形态与非物质形态文物资源的整合与开发，出台了《文化博览城市建设规划纲要》。社会部门分工协作：政府重点投资建设公益性博物馆、名人馆，其他社会力量主要开办行业博物馆和民俗博物馆。现已建成各类博物馆近30座，从不同视角表现着城市独特的文化个性。

优化城市布局，拓宽发展空间，明确城市功能分区，确定不同区域的发展方向。对于古城：全面保护其中的历史街巷体系、建筑风貌与人文景观，同时逐步推进旧城更新。对于城市新区：以彰显城市特色、提升城市品质为目标，将新区建设成为"人文、生态、精致、宜居"的特色窗口。[35]

2. 保护和优化水环境

"天下西湖三十六，独一无二瘦西湖"（图5-8）。瘦西湖，一直是扬州华丽的名片（图5-8）。在名片的打造和维护上，扬州人民不遗余力。为避免瘦西湖周边新建建筑破坏原有自然景观，对其建筑高度严格控制，引邵伯湖水入瘦西湖。以还景于民的治水理念，对城市河道进行统一规划，实施城市污水截流，开挖断头河、死水河，打通城市水循环，城区企业外迁，同时，采用生态工程技术疏浚清淤，全面实施活水工程。[36]

图5-8 扬州瘦西湖

（图片来源：孟杰摄。）

3. 改善居住与商业条件

扬州已基本形成针对解决中低收入家庭及困难群体住房的保障制度体系[37]~[39]。同时为了应对房价不断上扬的严峻形势，针对其房地产市场，扬州市政府于2008年底正式推行公积金"八大新政"。其中包括调整或放宽公积金贷款上限、首付比例下限、还贷款年龄上限、异地贷款限制、商转公限制等，为人民安居提供了又一保障。

伴随经济、社会的全面发展，人民生活水平的提高，扬州传统商业区也在悄然发生着变化。由原来单一的商业或游憩功能，过渡到一种新型的城市功能区——游憩商业区（RBD），即集商业与游憩于一身的新型功能区。

4. 数字化城管

扬州市作为首批试点城市和全国第一家正式实现数字化城市管理的省辖市，它的成功为其他城市开展信息化管理提供了宝贵的经验。

2006年6月，扬州市正式开通数字化城管，建立了"一级监督、两级指挥、三级管理、四级网络"的组织架构，将数字技术、信息技术、网络技术等渗透到城市生活的各个方面。[37]

2008年扬州获得了中国数字化创新管理奖。[38]快速的信息采集和处理能力，高效率的城市管理水平，不仅为市民提供了一个高效、优质的便民服务体系，也创造了一种全新的城市管理模式。

历史古城和信息化都市相生相容，数字化城管让秀美的扬州变得更加魅力四射，更加宜居。

5.3.3 宁波

宁波位于东海之滨，经济发达的长江三角洲南翼，毗邻上海、杭州，是我国首批沿海对外开放城市、计划单列市和全国15个副省级城市之一，也是全国历史文化名城、国家园林城市、国家卫生城市、国家环保模范城市、国家优秀旅游城市和全国文明城市。全市海域面积9758km^2，陆域面积9365km^2，2007年底，全市人口564.6万，其中市区人口218.2万。

在"2005中国城市竞争力排行榜"上，宁波位列200个城市中的第6位；在"2005中国城市生活质量排行榜"上，宁波在100个城市中列第7位。[39]2006年由北京零点研究咨询集团与第一财经报联合发布的《零点宜居指数——中国公众城市宜居指数2006年度报告》显示，宁波排名第一，成为2006年度公众首选宜居城市。2007年和2008年宁波蝉联中国最具幸福感城市，2009年第三次入围中国最具幸福感城市候选城市。

根据浙江省开发区整合提升的要求，杭州湾新区等宁波市沿海的近20个省级以上开发区将大力发展现代服务业，建设宜居宜业、功能集约的现代化新城，这些开发区将变身为"工业化宜居滨海新城"。[40]

1. 不断改善城市环境

为充分利用宁波"三江交汇，一湖居中"的独特地理优势，自2001年以来，宁波市先后进行了"三江六岸核心滨水区"、"三江文化长廊"、"甬江两岸景观"等工程建设，对"三江六岸"环境和城市主要道路及街景进行了整治和绿化，并全面启动了东钱湖地区的规划建设。以上工程的实施使宁波的城市环境得到明显改善。根据2006年《宁波市市民环境满意率调查》显示，市民城市环境满意率高达91.5%（图5-9）。

2. 培育健康向上的城市文化

宁波市委、市政府全力推进文化大市建设，全力提升城市的文化内涵。一方面，坚持物质产品和文化精品两手抓。近两年，宁波市获全国常设性文艺大奖54项，其中，电视连

图 5-9 宁波蝴蝶音乐喷泉

(图片来源：http：//blog.sina.com.cn/s/blog_5c8e8c460100az3z.html.)

续剧《至高利益》、甬剧《典妻》、广播剧《山海情》获全国"五个一工程"奖。[41]另一方面，大力发展群众文化。中山广场作为宁波文化活动的亮点，每年各种文艺演出达60余场，做到了"月月有安排，周周有活动"。

宁波市委、市政府坚持以人为本的执政理念，把提高市民的思想道德素质作为创建文明城市的首要任务。2005年以来，全市开展了以倡导文明交通、文明言行、文明生活为主题的"我与文明同行"活动。广大市民积极参与主题活动，提高自己的文明水准，推动文明城市建设。

3. 构建平安和谐社区

2002年，宁波被中央综治委、中组部评为全国社会治安综合治理先进城市。[42]目前，全市已建成"平安社区"242个，达标率为86.1%；省市县三级"治安安全单位"共3848个，达标率为93.3%；"治安安全村"3150个，达标率为88.3%。[43]根据2007年度建设"平安浙江"人民群众安全感满意率调查报告显示，宁波市群众安全满意率为96.84%。

4. 追求安居乐业的生活环境

宁波市新一轮城市规划建设中，在加强基础设施建设的同时，还坚持标本兼治，近期与远期相结合，努力提高城市建设与管理水平，为广大居民创造了整洁、安全、有序的居住生活环境。宁波市政府为了加大对困难群众的帮扶力度，实施了"解难创优，爱心帮扶"活动，努力解决群众就业难、住房难、就医难、出行难等民生问题，曾被国务院评为全国再就业工作先进集体，被列为全国最容易就业城市。

5.4 珠三角地区

5.4.1 珠海

珠海是我国南方港口城市、经济特区。总面积7653km²，其中陆地面积1687km²。2008

年末,全市常住人口148.11万人。珠海生态环境优美,山水相间,陆岛相望,是全国唯一以整体城市景观入选"全国旅游胜地四十佳"的城市。其他荣誉称号包括1992年国家建设部授予的"国家园林城市"、1992年全国爱国卫生运动委员会办公室授予的"国家卫生城市"、1997年国家环境保护总局授予的"国家环境保护模范城市"、1998年国家旅游局评选的"中国优秀旅游城市"、1998年联合国人居中心颁发的"国际改善居住环境最佳范例奖"、2000年国家环境保护总局评选的"国家级生态示范区"。[44]

1. 自然环境得到全面保护

珠海的自然景观如阳光、沙滩、山峦、园林、海洋和岛屿等景色优美,"情侣大道"等自然景色特色鲜明,是人们理想的居住地。珠海城市的主色调是树木与草坪的绿色、天空与海洋的蓝色、云朵与房屋的白色。三种颜色体现出珠海的绿化景观适宜,环境污染小,城市建筑贴近城市风格。得天独厚的山、海是珠海环境资源中的核心要素,也是珠海市的战略资源。因此,珠海市树立了新的城市建设理念,以山、海景观资源为核心,加上具有岭南风貌的建筑和一些西式建筑,构建珠海的城市景观,使珠海成为著名的山海城市。[45]

2. 高标准的人居环境建设

珠海市的建设实行高标准规划,充分发挥景观优势,营造出具有浓郁特色、优美宜人的城市风貌和赏心悦目的建设环境(图5-10)。2007年底,在珠海118.34km^2的城市建成区中,建成区的绿化覆盖率达到44.46%,绿地率达到39.89%,人均绿地面积达到了12.84m^2。[46]居住空间的绿色化保证了珠海居住基本单元的宜人性,给居民提供了一个积极健康、清新自然的生活空间。城市大气中二氧化硫、一氧化碳、总悬浮颗粒都低于国家一级标准,道路交通噪声和区域环境噪声的等效声级符合中国最适合人类居住城市标准。良好的自然条件和优美的环境、洁净的空气,成为珠海优秀人居环境的基础。

图5-10 海天珠海

(图片来源:http://image.baidu.com/i?ct=503316480&z=0&tn=baiduimagedetail&word=%D6%E9%BA%A3&in=24752&cl=2&cm=1&sc=0&lm=-1&pn=12&rn=1&di=12694455985&ln=2000&fr=&ic=0&s=0.)

3. 坚持走绿色经济之路

在珠海市的发展过程中，通过发展集聚科技创新资源、建立健全多元化科技投入体系、加快国际化进程等手段，大力发展高新技术产业。同时，珠海市大力发展绿色经济。高附加值、低污染化的加工业持续保持主导产业地位，并作为城市的主要经济支柱。具有国际影响，以休闲康体度假、海洋海岛生态旅游、会议会展为特色的旅游产业也在不断发展。

珠海大学城为珠海高新经济带来了新的机遇。大学园区内聚集了大量的人才、技术、信息等资源，高科技企业与高校优势互动的创业氛围和创新环境，使得珠海经济发展更有活力。

4. 精心塑造城市特色

珠海根据地形和历史渊源形成了"八个组团、一主两翼"的城市格局。市区内大型山体、湖泊成为城市建筑群的自然绿地。城市被河海、丘陵分割成若干建筑组团，自然山水穿插其中，建筑和山水相得益彰，成为名副其实的山水城市。

在城市建设中，珠海一直坚持控制城市建筑密度和城市空间尺度，创造宜人城市的建筑环境的发展战略，形成了低密度、高低层结合有致、具有识别性的城市建筑群。在建筑群体方面，力求与环境协调，与自然山水配合。在建筑个体方面，巧妙利用自身条件和环境特征，取得了与自然环境相呼应的建筑艺术效果。

5.4.2 中山

中山地处珠江三角洲中南部，全市面积 1800.14km^2，2008 年底常住人口为 250 万人。中山市凭借得天独厚的地理环境和文化底蕴，形成了独特的城市风格，吸引了大批人在此定居，并获得了许多荣誉称号。1992 年被评为"全国地级十佳卫生城市"，1994 年被评为"全国园林绿化先进城市"，1995 年被评为"国家卫生城市"，1996 年被评为"国家园林城市"，1997 年被联合国授予当年亚洲唯一一个"人居荣誉奖"，1998 年被评为"国家环境保护模范城市"，1999 年被评为"创建全国文明城市工作先进城市"，2000 年被评为"中国优秀旅游城市"，2002 为首批"全国智能交通系统应用示范工程试点城市"，2004 年被评为"国家级生态示范区"，2005 年获全国社会治安综合治理优秀地市"长安杯"奖。

1. 创建"两宜"城市

中山市是 20 世纪末较早重视城市环境的城市，而且在环境模范城市道路上，不断提高标准，特别在 2005 年初提出建设"两个适宜"——适宜居住、适宜创业的美好家园，努力构建和谐中山，把它作为一种发展理念（图 5-11）。在如今经济快速发展的大环境下，"两个适宜"的提出具有现实意义。在宜居城市的建设过程中，居住和就业是重中之重，中山市强调这两个方面，为市民提供了良好的环境，能够吸引更多的人来此定居和创业，也能够给整个城市带来生机和活力。

中山市将城市绿化放在重要的地位，而且走着创新式的绿化之路，20 世纪 90 年代名人绿化公园曾经令人注目，近年来又倡导全民植树，开展"认养"绿树、公开"挂牌"冠

图 5-11 "两宜"中山

(图片来源：http://bbs.szhome.com/commentdetail.aspx?id=36335490.)

名活动，使市民参与城市绿化，提高了绿化的效率和市民积极性，也使"市民林"成为中山的一道风景线。

2. 有效的城市规划编制与实施

中山城市规划以人为本，利用高起点的规划手段保护城市健康发展，加速经济发展。中山市全面的、规范的城市规划编制工作始于1984年，编制了《中山市区总体规划》；1992年，编制了《中山市总体规划和中山市中心城区总体规划（1992-2010年）》；1994年，编制了《中山市旧城区控制性详细规划》；1998年，调整了《中山市中心城区总体规划》；2000年，编制了《中山市全市风景旅游规划》、《中心城区绿化系统规划》、《旧城改造控制性规划》、《孙文西路旅游步行街规划》、《国家健康产业基地规划》、《中心城区交通规划》、《全市电力网规划》、《全市微波通道与综合传输规划》、《全市基础设施规划》等专项规划；[47]2004年编制了《中山市城市总体规划（2005-2020年）》。

良好的城市规划编制使中山市能够有效地开展城市建设工作，防止建设中可能出现的无序现象，进行合理的土地利用，加快城市空间结构调整和完善，保持规划建设的连续性，提高城市建设质量，使城市化水平达到新高度。

3. 高度重视水环境优化

近年来加大了对基础设施的投入，改善环境建设。供水系统是城市基础设施建设的重要部分，为避免供水建设的重复投资，提高供水水质和供水效率，保障供水安全，中山市以国有资本对全市供水企业全面控股，形成公用集团下的供水板块，从而实现全市供水系统统一规划、统一建设、统一经营、统一调度、统一管理。[48]同时，中山市对若干条河流开展整治工程，把沿岸改造为景观绿地，对污水进行截流，进一步完善污水收集系统，提高防洪和泄洪功能，使河流的水质和环境得到很大改善。

4. 重视民意构建和谐

广开渠道，让市民参与城市建设，是中山市一直坚持的原则。中山市早在1986年设立了每月一次的"市长接待日"，1989年开办了"市长免费专邮"，1999年又成立了"市政府投诉中心"。互动的平台给市民提供了参与的途径，使他们从以往的旁观者转变为社会公共事务及现代化建设的参与者、创造者，从而实现自身的发展和提高，推动城市进步。

同时,中山市致力于社会服务事业的建设,使老百姓能够安居乐业,是一个真正的为民服务的政府。在利益分配上,坚持向基层、农村、弱势群体倾斜,多渠道吸收民意,使老百姓成为城市的主人。[49]

5.4.3 香港

香港地处华南沿海,在珠江口以东,由香港岛、九龙、新界,以及262个大小岛屿(离岛)组成,总面积约1104km²。2008年底,香港总人口达到700.8万人。香港处于亚热带气候区,夏季炎热潮湿,冬季凉爽干燥。

2007年9月10日,中国城市竞争力研究会在香港公布的调查显示,香港被评为中国最安全的城市,而最美丽城市的排名香港仅次于首都北京,位列第二(图5-12)。

图5-12 香港商业中心区的绿色公共空间

(图片来源:董晓峰摄。)

1. 世界上最安全的城市之一

香港良好的社会治安取决于两个方面的因素:首先,香港市民具有良好的个人素质;更重要的是香港有一支训练有素、数量庞大的警察队伍。据民意调查,2007年上半年,市民对香港警察的满意度达到81.5%,创回归十年来的最高纪录。[50]

作为一个警察城市,香港的警察比例在全世界是绝无仅有的。香港警察由于在侦破案件、服务市民方面取得的优异成绩,而成为世界上训练最有素、士气最高昂、服务最忠诚的警队之一。回归十年多来,罪案率保持在每10万人口1100~1200宗,与世界其他国际性城市相比,香港成为世界上最安全的城市之一。[51]

2. 宽容与法制并行的管理方式

在香港,当涉及民生问题的时候,城市管理者都比较宽容。小商小贩几乎在香港的每一个大型公共活动空间和街道都存在，城市管理者给他们划定了特定的经营区域和时间，而不是像很多内地城市那样使用暴力手段驱逐他们。当然，城市管理同时也是法制的，香港对商户经营假冒伪劣商品的管理相当严格。[52]

香港廉政公署重拳出击、斩草除根的手法更是值得我们学习的。香港廉署的特色是强力惩贪，不惧不偏，它采取的姿态是零度容忍，反贪没有"起刑点"限制，只要涉嫌贪污，无论数额大小都坚持一查到底，绝不纵容。[53]据香港《文汇报》报道，透明国际11月17日发表2009年全球"贪污观感指数"，在全球180个国家和地区中，香港列第12位。

香港人有很强的法制观念，他们认为遵守公共道德和交通秩序是个人道德修养和个人品质的重要体现。此外，居民之间发生的纠纷和矛盾，其解决办法首先是调解，调解不成就诉诸法庭，通过法律手段解决，很少会出现"私了"现象，更不会出现拳脚比输赢的行为。

3. 从购物天堂走向旅游胜地

香港是历史悠久的自由贸易港，零关税使得其成为名副其实的购物天堂。无论物品的价格，还是种类，都可以说是世界之最。大型购物商场、综合购物中心、百货公司、服饰店和路边摊子等各种购物场所一应俱全，不但有世界品牌，还有物美价廉的货品。此外，香港购物环境宜人，能够将购物与休闲融为一体。因此可以说，在香港购物本身就是一种娱乐和享受。

香港回归以来越来越重视旅游业发展。以维多利亚湾回归纪念为契机，积极发展水上旅游，使海洋公园焕发出新的魅力。作为全球第五座迪斯尼乐园的香港迪斯尼乐园持续受到游客青睐，其四个主题区美国小镇大街、探险世界、幻想世界及明日世界吸引无数的游客前往体验。从太平山顶能够欣赏到世界三大夜景之一的香港夜景，尤其可以眺望维多利亚港的迷人夜色，感受香港霓虹灯的律动。香港旅游业发展又进一步推动了购物天堂的发展。

4. 世界之都焕发新的魅力

香港回归以后，虽然经历了金融危机、"非典"等一系列经济冲击，但实质经济增长率保持在较高水平，不仅高于美国、日本等发达国家，相比亚洲其他新型工业化国家和地区（即新加坡、韩国、台湾，它们与香港一起被称之为"亚洲四小龙"）也毫不逊色。[54]

回归后，香港的国际收支几乎每年都保持着较大盈余，继续保持着国际竞争优势；香港的国际金融、贸易、航运中心等地位进一步加强；既紧密了与内地的关系，又强化了国际都市特色。回归后，这颗东方明珠绽放出了更加夺目的光彩。

5.5 西部地区

5.5.1 桂林

桂林市地处南岭山系西南部，广西壮族自治区东北部。桂林市是世界著名的风景游览城市和历史文化名城、国家卫生城市。全市总面积27809 km^2，总人口为490.47万，其中市区面积565 km^2，市区人口71万人。桂林是一个多民族地区，居有壮、瑶、回、苗、侗等几十个民族，少数民族人口73.72万人，占全市总人口的15.62%。

2008年由北京零点研究咨询集团与第一财经报联合发布的《零点宜居指数——中国公众城市宜居指数2008年度报告》显示，桂林排名第八。

1. 城市环境不断改善

1998年10月，原桂林市与桂林地区合并成立新的桂林市。[55]经过十年的发展，桂林城市面貌发生了翻天覆地的变化。富有现代气息的中山路贯穿市区；城市中心广场集商贸、旅游、娱乐、集会、休闲等多种功能于一体（图5-13）；中国西部第一街——正阳路步行街中西文化交融；尤其是"两江四湖"工程使桂林成为了水上乐园。凸显出了桂林"城在景中，景在城中，城景相融"的独特风貌。著名国际环保专家曲格平在评价桂林的城市环境综合整治时说："桂林是最适合人类居住的一个城市。"[56]

图5-13　桂林风光

（图片来源：马如兰摄。）

2. 新老城区同步发展

根据广西壮族自治区党委、政府"保护漓江，发展临桂，再造一个新桂林"的战略部署，桂林市同步推进临桂新区和老城改造的建设步伐，城市建设取得明显成效。

2008年，临桂新区总体规划已经获广西壮族自治区政府批复，并编制了专项规划。土地调查和征地工作已经全面开展，正在加快建设机场路改造工程、新区及秧塘工业园供水管网等基础设施项目。

与此同时，老城改造也在大力推进。桂林市总体规划纲要已经完成论证，并且启动了特色街区规划。老城区一批重要交通及其节点项目已经开始建设，市区主要地段及节点广告整治和照明工程已经完成。花化彩化滨江路，绿化美化城市广场、道路节点，全市城市绿化覆盖率达40.4%。[57]

3. 居民生活质量不断提高

1998年地市合并后，桂林市国民经济快速健康发展，随着居民收入快速增长，人们的消费观念也在逐步变化，消费层次不断提升，消费结构更趋合理，生活质量显著提高。

进入21世纪，随着收入的增加，城镇居民消费水平显著提高，家庭用品不断更新换代，衣着突出个性，追求时尚，文化教育娱乐生活不断充实，同时休闲娱乐活动也更加丰富多彩。由于居住环境得到明显改善，社会保障体系不断健全，居民生活质量进一步提高。2006年9月20日，北京国际城市发展研究院发布了"2006年中国城市生活质量排行榜"，在全国287个城市中桂林位居第11位。[58]

4. 探索城市管理服务新途径

公交事业反映着一个城市的风貌，所以公交行业被称为"窗口行业"。桂林市街头的免费公交车，赢得了市民和游客的交口称赞。

营运免费公交车，旨在改善旅游环境，同时也为低收入者、弱势群体排忧解难。[59] 免费公交车的线路设计体现以人为本的理念，尽可能地考虑到各种人群的需要。购物、旅游、休闲等不同活动需求可以选择不同的车辆。

5.5.2 大理

大理市是大理白族自治州州府所在地，为全州政治、经济、文化中心，是滇西陆路交通枢纽和重要物资集散地，也是我国与东南亚国家进行文化交流、通商贸易的重要门户。境内有巍峨的苍山、浩瀚的洱海，东是鸡足山的南出山脉，西为点苍山脉。悠久的历史，众多的文物古迹，秀丽的风景，宜人的气候以及浓郁的白族文化风情为大理赢得了国家级历史文化名城、国家级风景名胜区以及国家级自然保护区的美誉。

1. 十分珍视优越的自然资源

大理寒暑适中，四季如春，有"东方小瑞士"之称。作为云南高原植物区、金沙江植物区、滇西峡谷区和澜沧江红河中游区等植物区系的结合部，当地生物物种极为丰富。[60] 以"风、花、雪、月"为代表的自然风光，成为宜居大理的一个重要名片。

在州政府"生态优先"战略的积极引导下，大理市创建国家园林城市的工作正在有序推进。通过开展全方位、多渠道、多角度、多形式的创园宣传活动，良好的社会舆论氛围已经形成。通过实施增绿补绿专项工作并切实推进如洱海公园配套绿化工程等重点项目的建设，大理生态建设水平和市政建设水平得到明显改善。[61]

2. 保护和发扬民族居住文化

在大多数城市都湮没于钢筋水泥丛林中时，大理人民依然固守着他们绿瓦白墙、飞檐斗栱的建筑文化，把一个最为本色的大理古城展现于世人面前。

大理是白族聚居区，白族人民所崇尚的"三坊一照壁，四合五天井"建筑形制在长期的多民族交流融合中得到了很好的发扬，成为大理地区民居建筑的一大特色。[62]

大气磅礴的山水景观和具有独特艺术气息的人文场所，让居住在其中的人真切地感受到大理的自由精神。而"家家有水、户户养花"的民俗，更将山水文化融入日常生活汇总,营造出一种真正意义上的"诗意栖居"(图5-14)。

图5-14 流水人家

(图片来源:马如兰摄。)

3. 走与环境相适应的城市发展之路

人们常说,大理最令人动容的,是它那份始终藏在凡尘俗世之外的从容祥和。这种从容祥和,不仅是源于自然风光的宁静致远,更是与当地人的努力分不开的。

大理重工业基础相对薄弱,政府致力于发展旅游文化产业和绿色经济产业,既加速了城市的发展,又与生态环境保护相得益彰。近年来,快速发展的文化产业已成为大理变丰富的文化资源优势为经济优势的发展引擎。[63] 2009年中国大理第二届国际兰花茶花博览会的成功举办,标志着大理特色花卉产业正在向产业化、规模化、国际化的方向发展。

除产业发展外,城市基础设施建设中也充分显现了环保理念。大理市在交通基础设施建设过程中,非常注重对文物古迹和生态环境的保护,公路建设集环保、景观、旅游于一体的目标已初见成效。[64]

5.5.3 成都

"天府之国"——成都,位于四川省中部,是中国西南地区的科技、商贸、金融中心和交通、通信枢纽(图5-15)。成都多云雾,日照时间段,独特的气候孕育出了秀丽的风景。幽静的青城山、秀丽的峨眉山、神奇的九寨沟、古老的都江堰、磅礴的乐山大佛等都是游客们流连忘返之地。2002~2005年,成都市陆续获得了联合国"人居奖"、"国家环保模范城市"称号、"地方首创奖"、"最佳范例奖"等。

图 5-15 天府广场

（图片来源：刘星光摄。）

1. 引领城市休闲生活方式

作家流沙河总结成都的气质是平等和笃定，不积极，也不懈怠；不冷漠，也不热情；不高昂，也不低调，分寸感很强，一切都能恰到好处。[65]成都明智平和的接纳与融合所创造的"休闲主义"，以及雍容大度、张弛有度、追求卓越的城市精神，[66]不仅造就了良好的人文底蕴，也形成了极大的居住吸引力。

城郊休闲游在成都已形成规模，促进了成都旅游业的新发展。目前生态游、文化游、乡村游、养生游、民俗游等新概念旅游全面发展，为这个讲究休闲的城市注入了更加丰富多彩的时尚内涵。

2. 有效推进城乡一体化

2007年6月，成都市被国务院正式批准为全国统筹城乡综合配套改革试验区，成为继上海浦东新区和天津海滨新区之后又一个国家综合配套改革试验区。[67]成都市通过实施"工业向园区集中，农民向城镇集中，土地向规模经营集中"三个集中，联动推进新型工业化、新型城镇化和农业现代化"三化"，实现城乡和谐交融的新局面，并有效促进资源节约和环境友好社会的创建。[68]成都农村建设用地的首次挂牌出让，也成功地迈出了城乡建设用地"同地同价"的第一步。

3. 切实保护和改善城市环境

成都提出"建设可持续发展，最适宜人居住的，具有'田园风格、水网绿楔、多廊发展'的生态网络城市"的目标，并制定了"争创人居环境奖实施总体纲要"。一方面通过构建"区域生态屏障"，发展"生态轴线"，建立各组团间的"生态隔离带"，防止城市无序蔓延对生态环境的侵害；[69]另一方面，则通过实施城市水、线、路"三网"工程，城市环境清净、空气清新、水质清洁"三清"工程、"400宜居家园"工程等，改善成都的生态环境。[70]

作为2001年联合国大会的样板工程之一，府南河的改造工程极具说服力。该工程历时四年，投资27亿元人民币，在防洪、环保、道路管网、安居、文化五个方面进行了综合整治。工程设施过程中对于城市可持续发展战略的坚持，社会各界的广泛参与所产生的巨大力量以及工程实施后对于改善人类居住环境所产生的深远影响，成就了所谓的"府南河"模式。[71]

4. 畅通城市进入新阶段

多年来成都市推进畅通工程，实施了人民北路北沿线、人民中路及玉带桥周边的排堵、提速工作，较早建立了"BRT"快速公交体系，同时完成70条中小街道的道路、管网综合改造。交通条件的极大改善，给市民出行、购物、工作和学习等带来了更多的便利，也为宜居成都的建设奠定了"便捷"这一重要的基础。

5.5.4 天水

天水被誉为"陇上小江南"（图5-16），位于甘肃省东南部，地处陕、甘、川三省交界处。深处西部，能有这样的美称，足见其独特之处。新闻界老前辈范长江先生在《中国西北角》中写道："甘肃人说到天水，就等于江浙人说到苏杭一样自豪，认为是风景优美、物产富裕、人物秀美的地方"。天水抓住自己在西部城市中的优势，立足自身的历史文化遗产和自然环境，加强藉河治理工程、见缝插绿式的林业建设等，使天水正将宜居延伸到自己的山山水水、方方面面。

天水地处南北方分界线。冬无严寒，夏无酷暑，春天水气候温润，四季分明，景色秀丽。大诗人杜甫《秦州杂诗》中的诗句"绝代有佳人，幽央在空谷"描写的天水女子的美

图5-16　陇上小江南

（图片来源：马如兰摄。）

丽，就是因为这里优美的环境、宜人的气息。天水温润的气候，还养育出了天水特有的"白娃娃"。以南北两山为绿色屏障，藉河为纽带，绿色贯通了整个城市。不断的环境治理和城市生态绿化建设，为这座城市增添了生气，注入了活力。优越的自然环境，成为天水打造西部最佳宜居环境城市的重要载体。

1. 历史文化遗产保护

天水是中国古代文化的发祥地，享有"羲皇故里"的殊荣，是海内外龙的传人寻根问祖的圣地。境内文化古迹甚多，现有国家和省、市级重点保护文物169处，其中大地湾遗址保存有大量新石器时代早期及仰韶文化珍品。国内唯一有伏羲塑像的天水伏羲庙，雕梁画栋，古柏森森。这里有中国四大石窟之一、被誉为"东方雕塑馆"的麦积山石窟，向世人展现了古丝绸之路东段的"石窟艺术走廊"。

悠久历史文化与现代文明的交融，造就了天水独特的城市景观。此处山、水、泉尽有，还有明清风格的小巷古宅、参天的古树。这些与城市现代化的建筑交相辉映，也体现古城特色城市景观，形成了"山、城、河、绿、景"为一体的城市风貌。

2. 环境保护与优化

天水的风光优美，其发展主要是依托当地相对丰富的水资源，但是随着经济的发展以及气候的变化，造成了一系列的生态环境问题。天水对藉河、渭河风情线的建设，目的就是要彻底改变藉河无水，生态环境恶劣的现状，把藉河、渭河两岸建成集人居、旅游、文化于一体的城市景观带，彰显天水山水相映的城市魅力，打造西部最佳宜居环境。[72]

天水的宜居，不仅表现在生态环境上，而且突显在其良好的投资环境、建设环境、市场环境和创业环境。以"水、气、噪、固废"为主的城市环境污染专项防治工作取得重大进展，城区及各县水源地保护工作已步入制度化、法制化阶段，林区及水源涵养区采取了严格的保护措施，城区空气污染和渭河天水段水质、区域噪声、交通噪声等污染的治理均有很大的改进。实施了以治理城市"八乱"及"绿化、亮化、净化、畅化"四化为主的城市管理整治工程。[73]

3. 建设城市规划功能区

天水规划布局形成了以西关片区为主的名城保护区，通过对与古城不协调的城市功能的改造和置换，形成以明清建筑风格为主的天水名城片区；以城市中心为主的现代风貌区，体现现代化的城市气息；在秦州麦积两区中间地带建设中心商务区、商业区，成为城市未来发展重点区；以社棠羲皇大道两侧为主的产业区，建设特色现代工业及高科技工业园区；以风格各异、色彩协调的组团、小区形式突出园林式人文环境住宅区。

5.5.5 石河子

石河子市位于天山北麓、准噶尔盆地南缘，乌鲁木齐以西150km处。石河子市是自治区的直辖市，是新疆最早对外开放的城市之一。石河子市交通发达，铁路、公路网络畅通。著名的亚欧大陆桥（铁路）和812国道，分别贯通市区南北两侧，北疆铁路和乌奎高等级公路近似平行地跨越城市。通信设施先进，科教实力雄厚，文卫事业发达，金融机构齐全，国际国内业务配套，具有较强的现代化综合服务功能。

1. 生态环境改善显著

谁也想不到走进石河子市看到的到处都是绿色，尤其是市中心是一个规模较大的森林广场。十多年来石河子市持续进行城市生态与园林化城市建设。

而随着石河子市区周边农牧团场防风治沙、土壤改良取得的成绩，整个石河子垦区的生态环境发生了质的改变。特别是自 1998 年来，在创建"国家园林城市"的进程中，市政府提出了"城市道路、小区不硬化就绿化，见缝插绿，园林建设出精品"[74]方针，先后把已基本完成的城区东、西两侧的部分防风林分别改造为带状公园。先后建成了苹果一条街、绿化示范一条街、广场绿色园、音乐广场休闲绿地、高尔夫球训练场及街心大花园等一大批精品工程。

石河子市 2000 年荣获国际迪拜"人居环境良好范例奖"，2001 年荣获首届"中国人居环境奖"，2003 年 3 月又被国家建设部命名为"国家园林城市"，获得了一系列殊荣。[75]石河子市山环水绕，绿树掩映，公园、雕塑、园林小品把这座现代化城市的闲适风貌展现得淋漓尽致，是一座蓝天碧水、清净绿色、生态环境优良的花园城市。

2. 农垦城市经济蓬勃发展

石河子市作为兵团事业的缩影、屯垦戍边的典范，经过 50 年的开发建设，形成以农牧团场为依托，具有鲜明农垦特色，工农结合，城乡结合，农林牧渔全面发展，工交建商综合经营的大型经济联合体，并成为新疆和兵团重要的粮、棉、油、糖、肉、禽蛋和轻纺产品生产基地。形成了以纺织、塑化、食品、电力、造纸及建筑六大支柱产业和以天业、天富、天宏、天元、八棉、八毛、食品及银力等八大集团为主的资本多元化。

石河子的农业几乎是从过去仅有的一点牧业发展而来，在垦区 7680km² 的戈壁荒漠上，石河子人通过不断的植树造林、防风固沙、土壤改良，已建成诸多的大型国营农牧兵团。规模经营和机械化水平高，科技含量大，农业机械化程度达 90% 以上，农业商品化达 90%，新建大中型水库 11 座，实现了农业灌溉化，并建成一个农业高新技术科技园区。如今的石河子，已成为新疆和兵团农业新品种、新技术、新模式、新成果的培育和发源地。

3. 挖掘现代城市文化魅力的典范

石河子市文化氛围浓厚，纪念性建筑很多。如为纪念我国现代杰出诗人艾青在石河子垦区度过了 15 年的难忘岁月而修建成的艾青诗歌馆，富有纪念兵团建设意义的军垦第一楼、石河子第一井、群雕军垦第一犁等，此地已成为人们进行革命传统教育和爱国主义教育的重要场所。

科教、文卫事业兴旺发达，已成为自治区和兵团教育事业最发达的地区之一。有着 60 年的办学历史的石河子大学是国家"211 工程"重点建设高校和国家西部重点建设高校。另外石河子市卫生事业发展迅速，电影院、公共图书馆、文化馆及其他文化娱乐场所等基础配套设施完善。美丽的环境、清新的空气、整洁的市容、舒适的居住环境，将其变成了中国西部一颗璀璨夺目的戈壁明珠。

参考文献

[1] 大连城市发展简史. http://www.chinaac sc.com/attention/ShowArticle.asp? ArticleID = 1795.

［2］肖瑜. 大连市旅游资源深度开发利用研究［J］，2007（1）.

［3］乔春生. 大连的"生态园林城市"建设［J］. 中国城市园林. 2005（3）.

［4］孔宇航，马琴. 大连城市建设评析［J］. 城乡建设. 2000（11）.

［5］封海宁. 大连市生态城市建设中的城市绿地系统研究［D］. 新疆师范大学硕士学位论文，2007.

［6］刘中梅. 生态城市建设中生态安全保障的法律机制探析——以大连生态城市建设为例［J］. 黑龙江省政法管理干部学欢学报，2008（1）.

［7］李克阅，代伟. 秦皇岛市可持续发展状况评估［J］. 环境科学与管理，2006（7）.

［8］吴静，闫玉蕾. 打造秦皇岛旅游节庆品牌［J］. 燕山大学学报，2007（8）.

［9］朱建宁. 促进人与自然和谐发展的节约型园林［J］. 中国园林，2009（2）.

［10］张静晖，王振旭. 对秦皇岛城市规划的分析与对策研究［J］. 经济论坛，2007（24）.

［11］秦皇岛黄金海岸新区规划蓝图出炉. http：//www.gov168.com/News/199346.htm.

［12］陈瑞霞，金丽. 论旅游城市的形象定位——以天津为例［J］. 北京城市学院学报，2006（1）.

［13］2007年天津市环境状况公报. http：//news.enorth.com.cn/system/2008/06/04/003357343.shtml.

［14］敬时. 天津将构建生态人居体系［J］. 城市规划通讯，2006（17）.

［15］天津古文化节. http：//baike.baidu.com/view/194667.htm.

［16］天津音乐艺术街. http：//baike.baidu.com/view/2819675.htm.

［17］天津食品街. http：//baike.baidu.com/view/194705.htm.

［18］天津新意街. http：//baike.baidu.com/view/2881104.htm.

［19］滨海新区：生态建设打造宜居新城区. http：//www.jxnews.com.cn/bhxq/bhgk/bhxq_nicearea/200709/t20070911_14258.htm.

［20］天津滨海新区"十大战役"解读："十大战役". http：//www.022net.com/2009/9-10/426529203042758.html.

［21］廊坊市经济和社会发展十一五规划. http：//www.lrn.cn/basicdata/socialplan/200712/t20071224_181678.htm.

［22］李雪莲. 论廊坊市在"大北京"规划中的城市发展［J］. 特区经济，2006（9）.

［23］贺旗. 廊坊力争2015年建成生态市［J］. 城市规划通讯，2007（8）.

［24］2009-2012年廊坊房地产行业分析及投资战略咨询报告. http：//www.askci.com/reports/2009-08/2009828103748.html.

［25］田辉. 论品牌经济与地区产业发展［J］. 山东财政学院学报，2006（1）.

［26］孙志毅. 青岛市后奥运旅游业发展的前景分析［J］. 商场现代化，2009（12）.

［27］陈志强. 高校文化资源与青岛城市文化建设［J］. 青岛大学师范学院学报，2008（1）.

［28］王乾亮. 威海旅游品牌化发展的对策研究［J］. 山东商业职业技术学院学报，2007（S1）.

［29］王长升. 威海城市环境美的创造. 城市发展研究，1999（2）.

［30］http：//baike.baidu.com/view/172583.htm?fr=ala0.

［31］刘民英. 苏州城市兴起和发展的历史地理基础［J］. 中国历史地理论丛，2000（1）.

[32] 吴良镛. 城市研究论文集[M]. 北京：中国建筑工业出版社，1996.

[33] http：//www.jswst.gov.cn/gb/jsswst/gzdt/sxjl/sz/userobject1ai22671.html.

[34] 苏州市人民政府. 苏州市历史文化名城名镇保护办法，2003.

[35] 扬州市举行新区建设规划讲座，展示人文生态精致宜居特色. http：//www.jstour.gov.cn/art/2009/8/31/art_424_30028.html.

[36] 秦小东. 扬州：人文宜居生态城 古今辉映扬州梦. http：//house.focus.cn/news/2009-12-10/814101.html.

[37] http：//www.yangzhou.gov.cn/neirong.php? newsid = 158315.

[38] 2005年度宁波概览. http：//www.nbtjj.gov.cn/read/20060222/21212.aspx.

[39] 宁波的省级以上开发区将变身"宜居滨海新城". http：//www.cnnb.com.cn.

[40] http：//www.cnnb.com.cn/gb/node2/newspaper/nbrb/2003/12/node18519/node18520/userobject7ai715831.htm.

[41] 许国章，程志华等. 构建宁波健康城市的战略研究[J]. 经济丛刊，2006（6）.

[42] 顾春，宁波：城市因人更美丽[N]. 人民日报，2005-8-3.

[43] 中共珠海市委宣传部. 海上云天，天下珠海[J]. 广东经济. 2004（10）.

[44] 彭俊东. 把珠海建设成为著名的山海城市[J]. 特区经济. 2002（4）.

[45] 珠海绿化覆盖率、绿地率、人均绿地面积三项指标均居广东省前列 让城市在森林中呼吸. http：//www.zhepb.gov.cn/zwxx/zwxw/200902/t20090219_1752.html.

[46] 萧剑忠. 中山城市规划的成就与未来[J]. 规划师，2006（S1）.

[47] 中山日报：推进"两个适宜"构建"和谐中山". http：//www.southcn.com/news/dishi/zhongshan/ttxw/200502230634.html.

[48] 曾世华. 中山市公共服务和社会事业的完善研究[D]. 暨南大学，2006.

[49] http：//bbs.tiexue.net/post_3517014_1.html.

[50] 张辉明. 香港"安全健康博览"观感[J]. 劳动保护，2000（6）.

[51] http：//www.fzkb.cn/news/20070917/fz4b/105310.html.

[52] http：//www.chinanews.com.cn/hb/news/2009/11-12/1961499.shtml.

[53] 张应武. 回归后的香港经济：回顾与展望[J]. 国际经贸探索，2007（11）.

[54] 庞革平，林宏. 桂林城建显山露水通江达湖[N]. 人民日报，2001-10-25.

[55] 许智玲，刘慧，周骁骏. "最适合人类居住的城市"——桂林跨越式发展之路[J]. 求是，2003（8）.

[56] 2009年桂林市政府工作报告. 广西桂林调研咨询网. http：//www.glfzyj.cn.

[57] http：//bbs.thmz.com/thread-432765-1-1.html.

[58] 桂林试行新制度 市民过把"免费乘车瘾". http：//www.21cn.com.

[59] 杨寿尧. 大理市节约型园林建设初探[J]. 西南林学院学报，2008（6）.

[60] 大理市：扎实推进国家园林城市建设. http：//www.yn.xinhuanet.com/nets/2009-11/04/content_18192441.html.

[61] 张海超. 建筑、空间与神圣领域的硬件——大理白族住屋的人类学考察[J]. 云南社会科学，2009（3）.

[62] 综述：文化产业成云南大理快速发展引擎. http：//www.chinanews.com.cn/cul/news/

2009/08 - 06/1805970. shtml.

[63] 大理交通建设注重文物和生态保护. http://www.ynjtt.com/Article/ShowClass. asp? ClassID = 133&page = 2.

[64] 谭平,黄文黎. 雍容大度,张弛有道,追求卓越——试论成都的城市精神 [J]. 成都大学学报. 2004（2）.

[65] 独特的城市魅力怎样炼成——解读宜居宜业的成都范式. http://news.163.com/09/0429/06/5822KKCK000120GR.html.

[66] 成都市党政代表团来长考察 共探"两型社会"建设. http://news.changsha.cn/cs/1/200911/t20091113_1031828.html.

[67] 城乡统筹"成都实践"：农村改革向纵深区突进. http://news.sohu.com/20081006/n259876783.shtml.

[68] 秦远清. 成都生态城市建设的战略思考 [J]. 四川环境. 2004（2）.

[69] 四大工程打造生态家园. http://news.sina.com.cn/c/2005 - 03 - 27/05485473710s. shtml.

[70] 夏春,刘浩吾. 成都府南河整治工程简介——人·居住·环境·城市 [J]. 城市规划,2001（11）.

[71] 天河再注水巨笔写春秋. http://www.tianshui.com.cn/news/tianshui/2007041609422413340_2.html.

[72] 天水离西部最佳宜居环境城市目标还有多远. http://www.tianshui.com.cn/news/tianshui/200510301132167283_2.html.

[73] 石河子——戈壁中的明珠. http://www.chinajsb.cn/gb/content/2002 - 01/15/content_39516.html.

[74] 李报社. 对石河子市建设生态园林城市的几点思考 [J]. 科技工作者建议,2008（5）.

[75] http://www.zyfdc.com.cn/New/view.aspx? id = 1437.

[76] http://www.buildcc.com/html/20/19120 - 394017.html.

[77] 构筑保障网络 形成梯次消费——江苏省扬州市构建多层次住房保障体系纪实. http://www.cfen.com.cn/web/cjb/2009 - 02/10/content_489144.htm.

6

宜居城市规划与建设模式

6.1　典型宜居城市规划与行动引介

宜居城市规划与建设尚处于探索之中。全球具有影响力的综合性宜居城市规划与行动方略主要有：加拿大温哥华城市区域宜居性规划，美国的新城市主义运动与精明增长运动、宜居城市交通规划、西蒙兹的创建宜居城市环境的"21世纪田园城市"倡议，英国的都市村庄运动、公共空间与公共生活规划研究，日本东京的友好居住规划，我国北京以宜居城市为建设目标的城市总体规划。

6.1.1　温哥华区域宜居性规划与实施

世界上没有哪一个城市能像温哥华一样30多年来始终将宜居性建设作为城市区域规划和建设行动的核心。从20世纪70年代开始，大温哥华地区就已经把宜居性建设作为区域规划的中心思想。通过表6-1考察温哥华宜居城市的建设历程，我们会看到温哥华是如何把一个较为宽泛的城市宜居性定义转变为可行的规划方案并将其付诸实践的。

温哥华宜居城市规划与建设行动历程　　　　　表6-1

规划行为	时间段	规划主题	相关活动组成
多项区域宜居性规划方案和相关行动	1970~1983年	区域宜居性	①展开大规模的公众咨询，首次在全区域中引入参与式规划方法；②公众抗议导致一条深入温哥华中区的高速公路停建；③1976年国际人居会议在温哥华举行，这是对该区域建设创新的肯定
英属哥伦比亚地区规划的黑暗时代	1983~1989年	控制经济发展，减少政府管制	英属哥伦比亚省修改地方自治法案，取消了区域规划的法定效力。跨区域规划活动被迫打着发展服务的旗号自发进行。直到1989年，发展服务作为区域法令被确立以后，情况才有所改善
选择我们的未来（Choosing Our Future）	1989~1996年	区域宜居性	①区域规划活动重新开始，并开始进行相关的区域规划咨询活动，制定具有前瞻性的规划方案；②1993年，"创造我们的未来"（Creating Our Future）被采纳，1993年和1996年两次更新了该方案，1995年，区域发展战略方案得到批准
区域宜居性战略规划（LR-SP）	1996年至今	区域宜居性	土地使用和成长管理战略方案：①保护绿地；②建设完整社区；③建设紧凑型都市区域；④增加居民的交通选择
区域可持续发展方案（SRI）	2001至今	区域宜居性可持续发展能力	①整合型的城市系统；②从社会、环境和经济的角度考虑区域规划的相关问题
城市长期可持续发展规划方案（Cities PLUS）	2001~2003年	区域宜居性可持续发展能力弹性管理机制建设	①在规划中引入时间视角——为子孙后代做规划；②在规划中考虑到对长期变化趋势的应对问题；③在规划过程中充分考虑多方意见；④建立适应性管理框架；⑤制定8个相关加速规划发展的战略方案

（资料来源：Vanessa Timmer and Dr. Nola-Kate Seymoar, The Livable City——Vancouver Working Group Discussion Paper for The Word Urban forum 2006, Canada and the International Centre for Sustainable Cities. 2006.）

温哥华地区的宜居规划与建设是一个渐进过程，后期的规划与行动趋于成熟。我们着重考察大温哥华地区宜居性战略规划（LRSP）、区域可持续发展方案（SRI）和城市长期可持续发展规划方案（Cities^{PLUS}）100年远景规划。每一个方案都对城市宜居性作出了新的阐释。

1. 适宜居住的区域战略规划（LRSP）

1996年开始实施"适宜居住的区域战略规划"（Livable Region Strategy Planning）。LRSP直接来源于《选择我们的未来》（Choosing Our Future），这一规划方案引入了广泛的公众参与，确定了区域宜居性建设的目标。其主导思想是通过规划的实施，对区域内部地区的规划行动及其完善过程加以长期指导。LRSP的内容主要包括绿带、紧凑的市区、完善的社区、多选择的交通方式等。其方案内容介绍如表6-2。[1]

表6-2　适宜居住的区域战略规划（LRSP）

规划主要目标	创造更适宜居住的区域，同时会带来低能耗、低物耗、低污染，丰富生物的多样性，对未来环境可持续发展有重要意义
规划关注的重点	在区域成长管制和交通规划实施的过程中，应该如何将宜居城市建设的理念付诸实践，并同时达成以下目标： 1. 有效地保护绿地和自然资源； 2. 在地区城镇中心的基础上建设高密度的完整社区，形成紧凑而密集的都市区域； 3. 建设以公共交通为主、限制私家车的交通运输系统，把都市区域连接起来。这一规划方案的前提假设是：建设被保护的自然区域和由农田所围绕的紧凑而完整的社区可以大大提高人们的生活质量
规划成功的关键	1. 对广泛的、各方利益问题的共识给予强有力的政治承诺； 2. 政治家和公众对专业人员所作分析的信任和尊重

（资料来源：Vanessa Timmer and Dr. Nola-Kate Seymoar, The Livable City——Vancouver Working Group Discussion Paper for The Word Urban forum 2006, Canada and the International Centre for Sustainable Cities. 2006.）

2. 区域可持续发展方案（SRI）与城市长期可持续发展规划方案（Cities PLUS）

21世纪初，区域可持续发展方案（SRI）开始重新审视LRSP和其他大温哥华地区规划方案的实施效果。在这一背景下，人们可以清楚地看到，与大温哥华地区人居生活质量密切相关的几个方面的问题——如社会问题、住房的经济适用性、经济发展和审美和谐等——并没有得到有效的解决。SRI基于可持续发展的理念，从经济、社会、文化和环境目标建设的角度，对区域宜居性进行全面考察。

在SRI的实施过程中，温哥华地区还参与了一项由国际汽油联盟资助的、旨在推动城市系统可持续发展的百年规划方案竞标。加拿大围绕温哥华地区所设计的竞标方案最终胜出。这个方案叫做Cities^{PLUS}，即"Cities Planning for Long-term Urban Sustainability"（城市长期可持续发展规划方案）。

在Cities^{PLUS}远景规划中，引入的时间视角要求人们切实了解那些可能对区域生活质量和可持续发展产生深刻影响的长期变化趋势，如气候变化、人口增长、自然资源匮乏、技术发展、全球化等。因为这些趋势的存在，便必须引入适应性管理机制和弹性管理原则。在此次规划方案的制定过程中出现的一些富有洞察力的见解，加速了温哥华地区把增强区域宜居性、可持续发展能力和弹性管理能力作为基本发展主题的相关讨论。

正如大温哥华宜人性规划首席负责人 H. Lash 在 1976 年所指出的那样，该地区所作的关于人居环境宜居性的定义和实践探索，乃是一个有得有失的过程；在考察宜居性理论的实践意义时，这些经验和教训都是我们不可多得的宝贵财富。

6.1.2 主张宜居社区的新城市主义

新城市主义是一项城市设计运动，1980 年代兴起于美国，它倡导日常生活和上班都能在步行达到的范围内进行。新城市主义受到传统居住邻里和交通指向的设计等原则的启发，曾强调在规划和建筑风格上对 19 世纪美国的城镇规划和建筑风格的发扬，所以又称之为"新传统主义"。也推动房地产发展和城市规划很多方面的改革。[2]

1. 新城市主义的内涵

新城市主义意在促生新的城市方式，系统地考虑城市的各种功能，为人们构建一个紧凑的、宜人的、便捷的生活环境。

新城市主义主要是针对工业革命带来的城市无序蔓延和郊区化现象，倡导通过旧城改造，改善城区居住环境，最有效地利用城区土地资源以及基础设施，减少对郊区环境的破坏和资源的掠夺，但它并不是反对郊区化，而是倡导在城市的郊区发展过程中，将不断扩张的城市边缘重构，形成多样化的邻里街区。

2. 新城市主义的主要原则

①步行性（walk ability）：倡导人们更多的步行以减少城市交通压力，通过建立步行街、修建便利步行的街道，缩短住宅与购物、工作地点的距离。

②联系性（Connectivity）：建设网状和分层次的交通结构，便于提高交通和步行的效率。

③混合使用性和多样性（Mixed-use and Diversity）：鼓励商店、办公室、公寓和住宅聚集于一定的街区，同时街区还要富于多样化，接纳包括不同的年龄、阶级、文化和种族的居民等。

④混合居住区（Mixed Housing）：在邻近的空间里，为居民提供不同类型、不同尺度、不同价格的住房。

⑤高品质的建筑和城市设计（Quality Architecture and Urban Design）：建筑设计上强调美观、舒适性、地方性，特别是公共设施布置要营造良好的人文精神。

⑥传统的邻里结构（Traditional Neighborhood Structure）：邻里中心为公众空间，强调在其步行时距 10 分钟的距离内安排不同功能、不同密度的城市空间，且其城市密度布局由中心向郊区不断淡化。

⑦提高密度（Increased Density）：为提高市政公共资源的使用效率，市政服务资源和设施应在步行可到达的距离内集中布局。

⑧绿色交通（Green Transportation）：利用高质量的网络化铁道交通将城市、镇和邻里连接在一起。通过良好的步行道设计，并倡导将自行车、滑板、摩托车的使用和步行作为日常的交通方式。

⑨可持续性（Sustainability）：城市建设和发展要尊重生态、保护自然，减少对环境、

资源、能源的污染和破坏。

⑩生活质量（Quality of Life）：综合采用以上措施，提高居民生活质量。[3]

6.1.3 让城市更加宜人的"精明增长"运动

1. "精明增长"（Smart Growth）运动

20世纪90年代末，美国人意识到其"郊区化"发展带来的诸多问题越来越严重。而与此同时，欧洲的"紧凑发展"却令许多历史城镇保持了紧凑形态，并被普遍认为是居住和工作的理想环境。于是美国人受欧洲启示，提出了"精明增长"（Smart growth）的发展新思路。

2000年，美国规划协会联合60家公共团体组成了"美国精明增长联盟"（Smart Growth America），确定了精明增长的核心内容：包括用足城市空间存量，减少盲目扩张；重建现有社区，整治利用废弃、污染的工业用地，以节约基础设施和公共服务成本；城市建设相对集中，密集组团，生活和就业单元尽量拉近距离，减少成本。

精明增长的目标在于扭转长距离奔波的趋势，使人们日常活动皆可步行达到，减少驾车带来的环境污染，实现可持续发展。

精明增长的典型做法是在已开发区和新路建设上以较少公共投资来营造有效和宜人的新住宅及商贸发展；通过对城市核心区投资，减少犯罪，增加付得起的房屋，为中心城区和小城镇创造活力；以增加住房与就业机会，确保收入水平与住房价格相匹配。[4]

2. 精明增长的主要原则

其主要原则为：为居民提供系列的住房机会和选择；创造步行可达的邻里空间；鼓励社区与业主的合作；发展地方性、富有吸引力的社区；制定有远见、公正、经济的发展决策；倡导土地混合利用模式；保护开畅的空间、农地、自然美景和关键的环境地域；提供多样的交通选择；强化和引导现有社区的发展；开展紧凑建筑设计。[5]

3. 精明增长行动典范：俄勒冈州的波特兰市

美国2/3的州选择了"精明增长"。波特兰市是其中的一个典型。

1997年，波特兰市发布《地区规划2040》（Region 2040），为波特兰市中心的紧凑发展和辐射性交通网络建设作出了完整的规划，意在通过实践"精明增长"理念摆脱美国传统的城市和社区发展模式。

其主要观点：一方面，强化对城市增长边界控制；另一方面，加强公共交通发展，并将轨道交通站点作为城市发展重心。

其具体策略包括：

①将城市用地需求集中在现有中心（商业中心和轨道交通中转集中处）和公交线路周围。2/3的工作岗位和40%的居住人口被安排在各个中心以及常规公交线路和轨道交通周围；

②提高现有中心的居住密度，减少各户住宅的占地面积；

③投入1.35亿美元用于保护34000英亩的绿色空间；

④提高轨道交通系统和常规公交系统的服务能力。规划预测未来20年内机动车交通量

可能增加50%，但是波特兰市政府希望其中的21%由轨道交通承担，其余出行需求由公共交通系统承担。

波特兰市把公共交通作为主要交通模式，不仅引导了城市的增长、促进了空气的清洁，同时也将此作为与大规模高速公路建设相抗衡的手段。步行和自行车交通设施条件的改善，使得波特兰在城市开发中的土地消耗和机动车交通得以减少，同时也减少了空气污染。[6]

6.1.4 宜居城市运动：都市村庄

英国都市村庄运动始于1980年代，目标是创建适宜居住的城市环境。因其具有光明的前途，得到了威尔士王子的支持。

1. 都市村庄运动的主要特征

①在大约40hm²的区域内建造3000~5000人规模的居民区；

②土地使用密度为中等；

③确保村庄所有部分在步行或骑自行车容易到达的范围内。

2. 都市村运动的具体思路

都市村庄运动的具体思路主要有：倡导在邻里、街区和建筑物三个层面土地综合使用布局的多样化；建设方便的购物、服务与社区娱乐设施；高品质的城市设计和建筑设计；鼓励基于当地中心或者在家工作的就业基地的建设；倡导适应气候、区位和方向的能源结构与信息高效化的建筑环境；城市设计应利于防止犯罪和保护家庭网络；营建多样化且易于更好地利用的公众空间；土地利用与交通设计有机结合，营造良好的、低交通噪声的环境；提供面向不同需求和各收入阶层的综合住房；增强城市经济、社会和环境的可持续发展能力；确保都市村庄管理系统的长效性。

都市村庄的理念使城市规划重新重视对社会和环境的关怀。在规划中强调人的尺度、混合使用空间以及友好的步行交通系统，将人的需要作为考虑问题的核心。实际上它的许多内容来自霍华德的田园城市，它的发展使英国规划政策导向将多功能使用都市村庄作为规划目标之一。[7]

6.1.5 公共空间和公众生活规划研究

受TFL（Transport for London）和CLP（Central London Partnership）的委托，建筑师Jan Gehl负责就伦敦城市的公共空间和公众生活开展调查与研究，并出版了报告《Towards a Fine City for People-Public Spaces and Public Life-London 2004》。该研究在详细考察伦敦市中心具体地点的基础上，寻求提升公共空间质量和提高步行条件与公众生活质量的途径。因为这是该机构对以前其他城市研究的继续，所以可以算是世界上最好的实践经验。

该研究报告包括公共空间—问题与潜力、公众生活—调查—建议—结论和最好实践三个部分。[8]

第一部分提出：①更好地协调机动车、自行车与步行之间的平衡；②改善步行与自行车行驶的条件；③改善休闲条件；④提升街景视觉质量；⑤促进城市文化向为人服务的方向转变。

第二部分提出：①结合环境与经济效益，鼓励人们更多地选择步行与自行车交通方式；②让更多人在充满生机、互动的城市公共空间里休憩和活动；③应拥有更安全、更好的公众交通换乘，尤其是公共汽车间；④街道和市镇中心有更好的可达性；⑤市镇中心区的活力复兴。

第三部分提出：①加速伦敦的绿色城市建设以及充分发掘城市广场、河流和公园设施的潜力；②创造车辆交通和其他道路使用的协调；③提高道路安全；④减少交通对城市环境的影响；⑤促进公共交通问题得到进一步解决；⑥制定合理的步行政策；⑦通过引入步行优先的街道，积累关于步行方面的经验；⑧撤除人行道上的障碍；⑨发展更有趣味的步行通道，使用公众艺术、景观、栽植和坐椅为人们提供休闲放松的地方；⑩提高地区的穿越性和可进入性；⑪在进行公共空间设计时，制定考虑气候条件且富有活力的设计政策；⑫提升建筑立面质量；⑬改善自行车交通条件。

该研究还提出继续发展的战略规划模式：强调处理好个体、公共空间与城市三个层面的问题提出，规划程序，实施效果的关系（图6-1）。

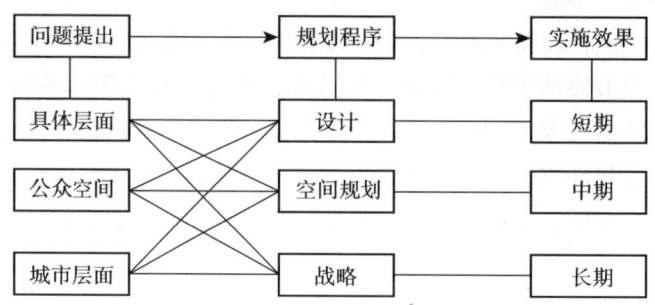

图6-1 问题提出，规划程序，实施效果的关系

（资料来源：http://www.gehlarchitects.dk.）

6.1.6 东京友好居住规划

日本在经历了20世纪60~70年代高速经济增长期之后，戴上了"世界第二经济大国"的桂冠，却陷入了"环境公害"的困境。从日本国内媒体到国际社会都对"日本奇迹"产生了一系列的质疑：灰蒙蒙的城市天空，黑乎乎的城市河流，城市不再是宜居的家园。国家经济高速增长所导致的"环境公害"需要由城市承担吗？

东京从20世纪70年代后期开始反思与检讨：城市不能成为高速经济增长所带来的"环境公害"的牺牲品，城市发展的首要目标必须是宜居家园的建设。20世纪80年代，东京开始将城市发展目标确定为"家园城市"。2007年，在世界10座千万人口以上的特大城市宜居评选中，东京位居第四，其所有的宜居指标均名列前茅。

由此可见，一个国家经济发展对城市化的影响多大，城市的发展无论多快，城市始终不可能超越"居住是第一主体功能"的现实发展。

政府为明确未来 10 年将要面临的问题及需要采取的措施，东京在 1995 年和 1997 年先后制定了"东京友好居住规划"（Resident-friendly Tokyo Plan）。

制定该规划的目的是通过提高其生活职能（商务、商业、文化和居住的最广义的生活职能），营造一个"美好居住的东京"（Tokyo for Everyday Living），一个能够为市民日常生活提供必要保护、支持和丰富内涵的东京。

规划的主要目标：①在出生率日益下降的老龄化社会里，关注每一个东京市民；②建设一个安全城市；③形成生态再循环的社会；④消除人口爆炸、拥挤和长距离的工作奔波；⑤实行与新时代相吻合的产业政策；⑥营造美好的市民生活。

在空间结构上，突出多核心的都市区结构：通过城市副中心和多摩"地区"的增长与发展，环形道路、南北向道路及铁路的建造，中心区的开发和居住的改善，使东京城市由单中心结构变为多核心结构，工作与居住将达到平衡。[9]

6.1.7　通往宜居城市之路：宜居城市的交通规划

2002 年，主要针对美国旧金山的《通往宜居城市之路：宜居城市的交通》（Path to a Livable City: Transportation for a Livable City）一书的第十章"面向更好未来的规划，"市政府专门论述了侧重交通的宜居城市规划，其观点可概括如下：

1. 可持续城市规划的核心原则（The Core Principle of Sustainable City Planning）

市政府应坚持制定《未来导向规划》，其中包括《总体规划》（管理发展与综合空间变化）、《市政和服务机构的资金规划》、《区域交通规划》。这些规划能够明显提高以下方面：①有更多的自行车、运输和步行的旅行，减少对私人汽车的依赖；②市区旅行时间缩短；③步行环境变得更好；④房价相对工资收入有所下降；⑤自行车网络的障碍消除；⑥用于停车场的珍贵的城市用地量减少；⑦每年交通事故死亡人数下降。这些主要规划文件必须有类似的可量度的和可实现的目标。

2. 综合邻里（居住区）规划（Comprehensive Neighborhood Planning）

邻里居民有权利协助政府部门作出居住区如何发展的决策。街区的更新设计、交通的改善，特别是增加新房屋类型的物质空间的变化，必须在民主途径下规划。最好的规划途径可能就是综合邻里（居住区）规划，努力建设一致赞同的未来景象。这种景象先作为综合邻里（居住区）规划被编成法典，接着，项目计划遵守这个已经通过批准、获得同意的规划，而不再需要通过更大范围的批准过程。综合邻里（居住区）规划的完成将给每个人带来更多的关于未来如何发展的确定性。

当然，综合邻里（居住区）规划需要平衡城市层面的要求。理想的综合邻里（居住区）规划应开始于房产的目标，参与者为了居住区房型单元的必要数量，应协助在他们居住区里找到合理的位置。还有，一个好的综合邻里（居住区）规划不应该仅仅满足于征求参与者所需，还应提供教育使人们变成更有见识的参与者。城市每个综合邻里（居住区）都应进行综合邻里（居住区）规划。每个居民都有权利生活在健康的居住区，在那里购物方便、公共设施齐全、有安全感、交通联系十分便捷，进行综合邻里（居住区）规划就是为了成就这样的目标。

3. 协调的交通规划（Coordinated Transportation Planning）

宜居交通（Transportation for a Livable City，TLC）的工作帮助城市实现城市协调交通规划。1999年法律修正议案将联合市政与停车、交通部门转变为市政交通机构（Municipal Transportation Agency，MTA）。TLC被呼吁：①承担起步行者和自行车的管理，而不仅仅是私车和市政；②基于对街道使用的更宽泛的认识，创造综合街道设计进程，而不是简单地继续通常的交通工程工作；③采纳分开的目标模式，每年提高运输与自行车分享的旅行；④使用停车政策促使城市更加宜居；⑤给市民提高准时到达的条件和减少旅行时间。

另外，主要承担地方交通规划的是交通当局（Transportation Authority），其责任之一是从税收和区域资源中分配资金。交通当局被呼吁：①使街道如何更好地服务于每个人，而不是因私车更拥挤；②制定区域规划，对人们宣传关于城市的关键问题和协调城市面对的问题。该规划应描述我们不同选择的前景，提供一个到达比现在更好的交通系统的途径。[10]

6.1.8　创建宜居城市环境的"21世纪田园城市"

美国的约翰·奥姆斯比·西蒙兹（John Ormsbee Simonds）在"Garden Cites 21：Creating A livable Urban Environment"一书中倡议[11]：建议大多数城市要有一个长期的保护、保存和发展规划，同时为地形的恢复和植物种植做好准备。城市规划将增强城市活动中心的活力，用必需的供应和服务设施环绕它，还要为新建和居住邻里再次开发提供条件，这些内容将分布在由市区公共休闲用地、森林和野生动物保护区组成的互相联系的开放空间系统的周围。应营建直接的快速交通和公园大道增强城市各区与城市中心的联系，并且提高城郊与乡村以至更远的荒原的连通性。

城市应在对土地的迫切需要的同时，保护周围的自然环境和人造景观的完整性，保存生态、农业、景观和历史的特征，减少对自然系统的干扰，如河流、溪水和排水线、地下淡水的蓄水层、植物和动物群落及重要食物链。

显然，西蒙兹先生作为风景园林设计的权威专家在宜居城市环境创建中，思维上倡导"反规划"，其理念建立在其广亩城市（The Urban Metropolis）——区域城市规划的系统观念上，在方法上强调系统动力学的应用。

6.1.9　北京新版总体规划中宜居城市理念

1. 北京建设"宜居城市"在总体规划中的体现

（1）直接表述

《北京城市总体规划（2004－2020年）》中"宜居城市"表达在《规划文本》第九条"城市发展目标和主要职能"条款中：

"按照中央对北京做好'四个服务'的工作要求，强化首都职能；以建设世界城市为努力目标，不断提高北京在世界城市体系中的地位和作用，充分发挥首都在国家经济管理、科技创新、信息、交通、旅游等方面的优势，进一步发展首都经济，不断增强城市的综合辐射带动能力，弘扬历史文化，保护历史文化风貌，形成传统文化与现代文明交相辉映、具有高度包容性、多元化的世界文化名城，提高国际影响力；创造充分的就业和创业机会；建设空气清新、环境优美、生态良好的宜居城市；创造以人为本、和谐发展、经济繁荣、社会安定的首善之区。"

同时注解到："北京城市空间发展战略研究（2003年）"在综合分析了世界特大城市、特别是首都城市的政治经济、城市文化、生态环境和就业等方面发展趋势的基础上，根据北京的现实条件，确定了北京未来四个主要的发展目标——国家首都、世界城市、文化名城和宜居城市。其中，"创造充分的就业和创业机会；建设空气清新、环境优美、生态良好的宜居城市"的表述，集中突出了宜居城市的重点在于就业、创业与生态环境的"安居乐业"的中心内涵上。

（2）宜居理念在规划中的贯彻与落实

第一，《北京城市总体规划（2004-2020年）》首次将"宜居城市"作为发展目标之一，其理念首先全面贯穿在规划的经济、社会发展策略上（见文本第十一条）：

在经济发展策略中强调：坚持以经济建设为中心，走科技含量高、资源消耗低、环境污染少、人力资源优势得到充分发挥的新型工业化道路，大力发展循环经济。注重依靠科技进步和提高劳动者素质，显著提高经济增长的质量和效率。

坚持首都经济发展方向，强化首都经济职能。依靠科技、人才、信息优势，增强高新科技的先导作用，积极发展现代服务业、高新技术产业、现代制造业，不断提高首都经济的综合竞争力，促进首都经济持续快速健康发展。加快产业结构优化升级，不断扩大第三产业规模，加快服务业发展，全力提升质量和水平。2020年，第三产业比重超过70%。

在社会发展策略中强调：全面推进人口健康发展。不断优化人口结构，提高人口素质，完善人口管理和服务。完善社区服务体系，改善人居环境质量。

大力发展社会主义文化。牢记把握先进文化的前进方向，促进文化事业的全面繁荣和文化产业的快速发展，满足人民群众精神文化需要，促进人的全面发展。

积极促进社会公平。健全社会保障体系，关注弱势群体，缩小贫富差距，促进社会保障事业社会化，改善创业环境，建设完善的社会事业体系，推进社会均衡发展。

切实保证城市安全。构建城市综合防灾减灾体系，建设完善的防灾减灾和应急保障的设施体系，建立有效应对各种公共突发事件的预警和防范机制。

第二，体现在空间布局与功能分工上。

城市空间结构规划"两轴-两带-多中心"。其中，"多中心"是在市域范围内建设多个服务全国、面向世界的城市职能中心，提高城市的核心功能和综合竞争力。其中，包括中关村高科技园区核心区、奥林匹克中心区、中央商务区、海淀地区科技创新中心、顺义现代制造业基地、通州综合服务中心、亦庄高新技术产业发展中心和石景山综合服务中心等八大城市职能中心区。

第三，体现在生态环境建设与保护规划中。

生态环境建设与保护规划中强调："坚持生态保育、生态恢复与生态建设并重的原则，将北京建设成为山川秀美、空气清新、环境优美、生态良好、人与自然和谐、经济发展全面协调、可持续发展的生态城市。"

本次规划根据《北京城市空间发展战略研究（2003年）》中确定城市分阶段发展目标，提出生态城市分阶段建设目标：2010年以前为生态城市的起步阶段，2010~2020年为生态城市的成型阶段。具体指标将国家环保总局颁布的生态省和生态县两套指标合二为一，取掉重复内容，保留对北京自然生态保育和城市生态建设很重要的指标，并实事求是地对国家环保总局的考核指标作了部分调整，使之更切合北京实际。

在水生态系统方面，针对集中式用水水源地水质达标率100%，水功能区水质达标率100%，地下水超采率0%，城市生活污水集中处理率大于90%等。在绿地系统方面，2020年山区、平原区森林覆盖率分别达到50%和22%，建成区人均公共绿地大于16m^2，受保护地区占国土面积不低于14%等。在环境污染治理方面，2020年，城市气化率达100%，生活垃圾无害化处理率达100%，工业固体废物处置利用率大于70%，噪声达标区覆盖率大于85%等。还根据发展目标提出了具体策略。

规划还在综合生态适应性、工程地质、资源环境保护等多方面因素后，明确划定禁止建设地区、限制建设地区和适应建设地区，用以指导城镇开发建设行为。

第四，体现在城市安全和基础设施规划等方面。

新总规首次比较完整地编写了城市防灾减灾规划，提出"平战结合，平灾结合，以防为主，准确预报，快速反应，措施有效"的城市综合防灾减灾原则。完善单一灾种防抗毁和救助能力，确保首都安全。针对防洪减灾、防地震与地质灾害、消防、人防、城市生命线系统综合减灾、气候灾害预防、卫生防疫以及综合救灾等问题，均进行了系统的规划。

在社会事业发展及公共服务设施中体现以人为本思想。适应政府职能转变要求，全面履行政府社会管理、公共服务职能，更加重视科技、教育、文化、卫生、体育等社会事业发展。

建设以公共交通为主导的高标准、现代化综合交通体系。以"高效便捷，公平有序，安全舒适，节能环保"为发展方向。2020年，交通结构趋于合理，公共交通成为主导客运方式，出行的选择性增强，出行效率提高，交通拥堵状况得到缓解和改善，交通发展步入良性循环。

坚持城市发展以基础设施为先导的方针，市政基础设施建设适度超前，优先发展。2020年，建成安全、高效的现代化市政基础设施体系，重视水资源供给、能源供应、信息通信安全，为首都经济社会可持续发展提供支撑和保障。

2. 中央政府对北京建设宜居城市的肯定与支持

（1）国务院对《北京城市总体规划（2004－2020年）》正式批准和强调内容

2005年1月12日，国务院总理温家宝主持召开国务院常务会议，讨论并原则通过《北京城市总体规划（2004－2020年）》。会议强调，总体规划是北京市城市发展、建设和管理的基本依据，必须认真组织实施。一要控制人口，合理布局，有效配置城市发展资源。二要促进社会经济协调发展，加快发展现代服务业、高新技术产业和现代制造业，大力发展科技、教育、文化、卫生、体育等社会事业。三要切实解决好保障城市持续发展的土地、水资源、能源、环境问题，坚持节约为本。四要切实解决好人居环境和交通、上学、就医等关系人民群众切身利益的问题，构建和谐社会。五要做好北京历史文化名城的保护工作，完善旧城保护工作，严格控制旧城的建设总量和开发强度。六要处理好中央与地方、城市与区域发展等方面的关系，积极推进京津冀以及环渤海地区经济合作与协调发展。七要编制好近期规划，尤其要安排好与奥运工程有关的环境、场馆、道路、市政基础设施的建设，确保2008年奥运会的成功举办。

显然，宜居城市与中央以人为本、构建和谐社会、促进可持续发展的大政方略是一致的，是国家政策在城市建设中的体现，更是城市居民发展的基本要求。

（2）北京建设"宜居城市"的表率性影响

2004年11月，北京总规修编的成果开始向公众展示。在北京的定位中赫然出现了"宜居城市"的字样。2005年7月下旬，在全国城市规划修编工作会议上，北京建设宜居城市的思路开始作为经验，由国务院副总理曾培炎向全国部署。

规划研究和审批中，中央也希望北京发展生产型服务业。后来，这也成为中央推行宜居城市建设的重要原因。

专家和新闻媒体一致认为，本次北京市总体规划修编中的最大特点为："经济中心"淡出了人们的视线，而"宜居城市"则首次跃入人们的眼帘。北京市规划委员会副规划师谈绪祥对此进一步解释道：在制定新的北京城市总体规划时，对要不要写上"经济中心"也有很多争议。最终不再写上"经济中心"，并不是讲北京就不做"经济中心"了，"经济中心"是大城市、省会城市本来就有的功能，没必要再强调。北京不是不发展经济，而是如何发展经济。新的规划强调应坚持经济建设为中心，走科技含量高、资源消耗少、环境污染少、人力资源优势得到充分发挥的新型工业化道路。一座现代化的大都市当然应该是一座适宜人居住的城市，未来15年是中国城市转型的关键时期，也是城市化进程高速推进的时期，建设宜居城市将成为主导城市化的总纲。同时，中央也希望把建设宜居城市作为促进经济增长方式转变的途径。

北京建设宜居城市的表率作用表现在三个方面：

首先，引导带动我国城市走新型发展模式，解决存在的问题，提高城市居民生活与工作环境，把城市建成优美的栖息地和经济繁荣发展的中心。

第二，面向全球化要求，突出城市文化特色与创新能力，提高城市竞争力和吸引力，为城市发展寻找新动力提供良好的土壤。

第三，面对我国城市化加速过程中需要容纳更多人口居住、就业、环境问题的挑战，开展新探索和新尝试。

宜居城市写入北京城市规划后，关于宜居城市的讨论日渐升温。不少城市开始探讨建设宜居城市，其影响无疑是深远的。

北京新一版城市总体规划中将"宜居城市"作为目标和原则，体现了我国部分城市将"宜居战略"理念初步导入城市规划的起始阶段的现状。但正如文中的解析，其意义是深远的，为详细规划和专项规划中落实宜居思想原则打下了基础，提出了要求。北京市近期积极推进各区生态环境规划和"郊野公园"建设等举措，也印证了宜居战略导入宜居城市规划建设中的积极性。自然，与国外先进的宜居规划设计相比，我国的宜居城市规划还刚刚起步，需要深入研究和在规划中继续推进。[12]

6.1.10 中新天津生态城规划

1. 天津生态城建设背景

中新天津生态城是中新两国政府应对全球气候变化，加强环境保护、节约资源和能源，构建和谐社会的战略性合作项目。2007年11月18日我国总理温家宝和新加坡总理李显龙共同签署了《生态城框架协定》，确定两国合作建设中新天津生态城。

中新天津生态城被定义为可持续的、符合自身生态特点并与区域生态系统相协调的、在建设中充分运用具有生态特征的技术手段、人与自然社会和谐的宜居新城。

2. 中新天津生态城区域概况

中新天津生态城坐落在天津滨海新区，蓟运河与永定新河交汇处至入海口的东侧，距离滨海新区核心区15km、距离天津中心城区45km、距离北京150km，规划控制面积约34.1km^2。规划区域内有三分之一是废弃盐田，三分之一是盐碱荒地，三分之一是有污染的水面，土地盐渍化严重。

3. 规划目标定位

建设成我国生态环保、节能减排、绿色建筑等技术自主创新的平台，国家级教育研发、交流展示中心和产业基地，参与国际生态环境发展事务的窗口；生态宜居的示范新城。

4. 规划建设亮点

天津生态城的规划遵循着"人与人和谐共存、人与环境和谐共存、人与经济活动和谐共存"、"能实行、能推广、能复制"的要求，探索资源约束条件下城市可持续发展的新模式，摸索新型城市化和新型产业化道路，成为其他城市发展的样板。

（1）自然生态空间网络与集约高效的用地布局

为加强区域间的连通和保护区域生态系统，建设多条自然型河道，构建了多级河流廊道系统；联通区域间的湿地空间系统，构建"水库-漫滩湿地-河流-滩涂湿地-海水"的多级生态空间网络格局，形成"一链环一核、一轴带四片"的空间结构（生态核、生态链、生态综合片区、生态轴）。同时以保证环境品质，集约高效使用土地资源，遵循组团布局、公交引导、混合使用、公共利益优先等原则，适度而有序地开发，形成了以净瓶洲为核心的紧凑型城市布局模式。

（2）宜人的生态社区模式

借鉴新加坡新城社区经验，结合区域现状及规划目标，探索了中新天津生态城的生态社区模式：提出六大生态理念，三级服务体系，即机非分离、TOD模式、P&R模式、机动车车速渐变体系、蓝绿灰棋盘格局、指状绿楔渗透六大理念；以及细胞（基层社区）、邻里（居住社区）、片区（结合场地规划）三级社区及服务体系。

（3）绿色交通体系

创建以绿色交通为主导的交通发展模式，倡导步行交通，慢性交通优先，公交导向，机动车非机动车道分离。促进土地利用与交通的协调发展、建立高品质的公共交通系统，实现慢行交通网络专用、加强机动车管理，发展高品质、高效率、低能耗、低污染的绿色交通。同时探索以绿色交通体系支撑集约高效的城市土地利用模式。

（4）生态环保经济

构建起以生态环保教育科技研发、生态文化旅游业、生态创意产业、特色会展业、医疗保健疗养业等为主导产业的循环低碳的生态环保可持续的特色产业体系，为生态城发展提供有力的经济支撑。

（5）节约、有效的水资源利用

以节水为核心目标，定制了完善而高效的水系统规划，推行十分有效的水循环利用模式。生态城采用分质供水模式，区内供水管网采用环状布置。构建水系循环体系，污水生态修复，生态型河岸等。采用非常规水资源，多渠道开发利用再生水与雨水以及海水的补充利用。再生水利用遵循首先建筑杂用，其次道路广场和绿地洒扫等到最后补充景观水系的配置原则。

（6）有效的能源利用

为了优化能源结构、提高能源利用率、减轻城市热岛效应，生态城将发展可再生能源，形成与常规能源相互衔接、相互补充的能源利用模式。同时生态城的能源消费欲实现全部由清洁能源供给。实行交通、建筑、产业节能，建设绿色节能建筑，使用可再生能源，发展能源梯级利用。采用太阳能、地热能、风能与能源综合利用四种主要的能源利用方式。建设节能环保的绿色建筑，建筑采取能源综合利用措施，如利用小型风力发电、太阳能热水、太阳能光伏、生物质热电联产以及自然通风热风帽等系统或装置。

充足的保障性住房、等级分明的服务设施体系、宜人的开敞空间、绿色的生态格局，高效的能源利用将为城市的发展注入活力。同时贯彻规划的各个环节"职住平衡"、"公共利益优先"、"以人为本"为社会和谐的创造提供了基础。中新天津生态城的建设对我国未来城市发展的导向和转向生态建设的影响力也是十分重大的。[13]

6.2 宜居城市规划建设的主要模式

什么样的城市是理想的宜居城市模式呢？在110年前，面对工业城市、大城市的问题，英国的埃比尼泽·霍华德提出了"田园城市"的理论模式，成为革命性、划时代的经典模式。100多年来，"田园城市"激励无数城市规划设计和社会学家，不断探索城市新的发展模式，形成了一系列丰富多彩的近现代城市发展和规划设计理论，甚至形成了理论体系。

然而，一个世纪后的今天，城市本身及其发展环境发生了巨大变化，新技术下发达国家的城市以机械（汽车）速度快速蔓延，超出了人的生活尺度，而发展中国家的城市还存在着综合环境问题和社会问题。于是，不宜居的问题越来越严重，甚至成为城市新的危机，虽然这些问题的端倪早已显现，甚至就是100年前的问题。

总之，我们已经意识到，甚至达成共识，我们的城市存在着这样那样的问题，归结起来就是远离了居民的需要——不宜居。全球范围内都围绕解决这些问题在开展积极的探索，一致呼吁城市回归"以人为本"。

在新的探索中，美国风景园林和城市规划的领军人物之一，著名的约翰·奥姆斯比·

西蒙兹先生（John Ormsbee Simonds）提出了创造宜居环境的新田园城市模式，并反映在《Garden Cites 21：Creating A livable Urban Environment》一书中（在我国，刘晓明先生等将其翻译为《21世纪园林城市——创造宜居的城市环境》，已由辽宁科学技术出版社于2005年5月出版），提出了从城市住宅、邻里、社区，到城市、大都市区的宜居规划模式。

西蒙兹先生认为，最有名、最惬意的往往是那些最能体现和呼吁时代、地方和文化的城市，那些有功能的城市，那些提供方便的城市，那些理性的、完整的城市。他说："建立在E·霍华德爵士的田园城市模型之上，并根据无数应用这个模型所建立的社区和城市规划，本人提出了现代版的园林城市模型。它的题目称为'21世纪田园城市'，因为它预示着21世纪新的城市秩序。"

"21世纪田园城市"宜居城市环境模式为：富于表现力的城市、功能城市、便利城市、合理城市、完善城市。我们认为宜居城市的模式在此基础上还应进一步突出几个方面，尤其在我国现阶段宜居城市的创建应强调：安全城市、生态城市、便捷城市、文化城市、职能城市、集约城市、网络城市、创新城市、特色城市。

6.2.1 安全城市

道萨迪亚斯（C. A. Doxiadis）指出："一个城市必须在保证自由、安全的条件下，为每个人提供最好的发展机会，这是人类城市的一个目标。"城市安全是一个永恒的话题，自从城市形成那天起，安全就始终被放在首要位置。城市安全给社会、经济和政治秩序提供了保证；反过来，这些秩序又使城市得以不断壮大，社会持续繁荣。

当前城市安全面临新的严峻挑战。21世纪全球进入城市化时代，大城市化趋势更加彰显，城市地位的上升伴随着一系列安全问题。从社会发展规律来看，一般而言，人均GDP在1000～3000美元这个阶段，既是经济快速发展期，又是社会矛盾较为集中期，城市安全问题凸显是社会发展到一定阶段的典型现象。而全球环境变化是造成城市安全问题的重要原因，不可忽视并由此对城市安全建设提出新要求。

我国正处于经济持续高速增长、城市化进程加速发展时期，近年来各类安全事故频发。1990～2002年，全国安全事故总量年均增长6.28%，最高增幅达22%。虽然我国城市化速度较快，但城市安全保障系统还很不完善，构建安全城市理论和安全保障机制是城市发展重中之重。

1. 安全是宜居的基础

当前我国不少城市的安全问题依然严峻，一场暴雨就可能使排水系统瘫痪；一场降雪，才使我们知道北方城市人行道惯用的光滑地砖是多么危险；有多少"高级"宾馆的洗浴间地面是安全的？又有多少学校真正进行过防火安全教育和演练？

纵观中外城市发展史，安全保障一直是城市建设的首位需求，从希腊的雅典卫城到中国的王城，无不体现出城市的"城"之含义——安全防卫的功能。

在城市规划建设历史上，人类从来都没有停止过对城市安全的追求，"一个成功的城市地区的基本原则是人们在街上身处陌生人之间时必须能感到人身安全。"[14]

现代化的大城市由于其集中化、高密度，成为一个复杂的巨系统，成为易受地震、洪水、环境污染和人为破坏打击的脆弱系统。因此，如果将宜居性作为一个未来城市建设的主要追求目标，那么它首先应该是一个安全的城市。

2. "安全城市"新挑战与行动

21世纪初，不安全事件在世界范围内频繁发生：2001年美国"9·11"事件；2005年伦敦地铁连环爆炸事件，同年"卡特里娜"飓风袭击了美国的路易斯安那、密西西比和阿拉巴马三个州；2003年爆发的SARS致使中国内地遭受到传染疾病的严重威胁，以及致使东南亚地区大量家禽死亡、经济损失严重的禽流感等，都促使非传统的城市安全受到社会各界的高度重视。这一阶段的研究扩充了传统安全城市的内涵，打破防灾与防卫的局限，上升到更高的人类整体性安全层面。

2006年6月，主题为"我们的未来：可持续发展的城市——将构想化为行动"的第三届世界城市论坛在加拿大温哥华召开。在本次论坛上，提出了"The Secure City"即安全城市的倡议。与会者认为，21世纪，对城市发展产生影响的各种力量和威胁，给城市规划、城市政策和城市设计的有效应对能力提出了越来越大的挑战。传统城市安全理论的基石（个人安全、社区安全、服务和系统的安全）亟待发展，急需变得更加敏感和灵活。于是，一个探寻适应性安全、预防性安全和人类安全三者间关系的研究方案被提上议程。

3. 宜居城市要求具备完整的安全系统

安全城市是指在环境和生态、经济和社会、文化、人身健康、资源供给、政府绩效以及其他和城市安全相关的未知方面，保持的一种动态稳定与平衡协调状态，并对自然灾害和社会与经济异常或突发事件干扰有良好抵御能力的城市。安全城市提供给市民的，不仅仅是城市的公共安全保障。这种保障应该是多方面、全方位的，其中包括城市生态环境安全、城市食品安全、城市社会安全、城市生产安全、城市经济安全等城市居住安全。

城市生态环境安全是指城市赖以生存、发展的环境处于一种良性循环、不受污染或危害的良好状态。在这种状态下，城市保持着一种完善的结构和健全的生态功能，并具有一定的自我环境调节与净化功能。

城市食品安全是指通过强化食品卫生的立法、监督和执法，保证食品、生活饮用水等与饮食相关产品的安全卫生，加强动物检疫工作，完善动物疾病监测、防治、检疫和监督体系，保障动物产品安全，从而全面确保城市食品的卫生和安全。

城市社会安全是指城市在日常运转过程中具有组织性、秩序性和稳定性，以及受到内部或外部干扰（如暴力、战争、自然灾害等）时具备良好的控制和应对能力，并能继续保持社会的稳定性、秩序性。

城市生产安全，指安全知识宣传到位，生产环节监控有力，并将事故发生率控制在合理范围之内。

城市经济安全，是指城市经济在受到各种外来威胁，如自然灾害、通货膨胀及周期性经济起伏波动时，仍能保持正常运行和发展，保持城市经济发展的健康、稳定，并能在国内外竞争中争取到有利的地位和良好的外部环境。

城市居住安全包括基本的住房条件、穷人的避难所等。

6.2.2 生态城市

人们针对日益恶化的城市环境和不断暴露的城市问题，对可持续城市做了进一步探索，并在可持续发展的研究过程中产生了生态城市的理念。在目前国际上对生态城市的概念并没有达成共识，但是它表现了人们对理想城市探索的深入。

生态城市强调自然—社会—经济的全面发展，并能提供各系统发展的良好条件，并且要求它们间的共同协作和促进。在自然和社会层次，生态城市满足了宜居的本质要求；经济方面为宜居城市建设提供了持续发展的经济支撑，为宜居城市各方面建设提供持续的动力。

生态城市在建设方面提出了具体要求。生态城市是宜居城市的一部分，它关注的重点在于城市生态的调节和生态建设、经济生态、社会生态方面，强调利用生态学原理具体实施城市建设。从这个层面看，生态城市可看作是宜居城市的一个模式。

自然方面：生态城市讲究生态优先的思想，生态建设成为生态城市规划建设的基础，城市的建设发展依托自然生态系统的支撑，有全面的生态环境的优化和保护系统。经济方面：发展可持续经济，施行低能耗、无污染、高效率的清洁、节约、高产的生产模式，建立合理的产业结构，优化产业布局。社会方面：注重社会公平、特殊人群权利的照顾、健全的社会保障体系等；优化社会结构，目标是尽可能减小社会层级差异；公众能够更广泛地参与城市活动。

生态城市是自然、经济、社会符合系统全面发展，告诉进步，和谐统一，互相促进，城市机体有序运转的巨系统。[15]~[17]

6.2.3 便捷城市

城市在过去的发展中，一方面带来便捷，比如自来水、燃气、电力、排水系统等；但另一方面也越来越不便，出行伴随着痛苦和麻烦。

宜居城市更应该是一座便捷的城市。便捷的交通和基础设施很重要。在便捷的城市中，为中心区提供各种主要类型的城市活动是基本的。这些城市活动当然包括生活、工作、游憩、交通。宜居城市除了要满足城市各阶层的多种生活方式的需要，还应该能够满足围绕这些生活方式的其他相关需要，交通便是其中最为重要的一项。城市有便捷的交通才能够使生活、工作、游憩有效衔接。宜居城市的便捷性还要特别强调为残疾人考虑，"从事场地和设施规划的通用设计，不是从一般人的视角出发，而是要从所有使用者的角度考虑各种感觉意识、各种运动以及所有体力和智力作用的层次。"

便捷城市是基础设施系统良好的城市，包括城市内部交通系统和对外交通系统，给水、排水、供热、供气、供电，还有购物、健身场地等。不仅满足健康人群要求，还要满足特殊人群的无障碍要求。

便捷城市在空间布局与细节上均需要科学艺术的分析，从城市总体规划到详细设计，城市的便捷性都需要认真对待，尤其要以发展和动态的目标进行合理预测，而且要不断维护和更新，保证持续安全。

6.2.4 职能城市

职能城市，指城市不仅要满足居民生活需要的城市内部发展服务活动、生产和社会经济发展职能，而且要在区域中找到自己的角色定位，承担分工，在区域社会经济发展中发挥独特作用。

宜居城市应该具有满足居民生活需要的全部职能，包括城市必备的一般职能（如商业、社会服务业、建筑业、食品业等）和每个城市应有的特殊职能（如旅游业或科学研究等）。职能城市强调两个方面：

1. 满足居民的生活和发展需求

早在《雅典宪章》中就曾首先提出将城市与其周围影响地区作为一个整体来研究，指出城市规划的目的是解决居住、工作、游憩与交通功能的正常运行。但《雅典宪章》倡导的机械性功能分区的办法被《马丘比丘宪章》校正。不仅应满足居民生活的各个环节，还应该在空间上考虑布局的协调性。后来，女性主义地理学家提出，城市不仅要考虑男性居民的需要，还要考虑女性居民的生活规律；不仅要考虑成人的生活需要，还要考虑儿童和老人的需要。宜居城市应考虑人生命全过程中的需要，包括出生、幼托、上学、就业、工作、保健、退休、养老等不同阶段的需求。

2. 强调城市社会经济的区域职能

城市经济发展十分重要，是城市的活力所在和发展的基础，是居民的价值体现和生活基石。城市经济的发展应当十分讲究，我们不仅要重视城市经济发展的重要性，而是更要重视经济如何合理、高效、环保、节能的可持续发展。城市本身的发展经营也是一个经济问题。城市的职能还应在区域城市职能分工中定位，不仅是经济的、产业的内容，还包括政治、文化的角色定位，后者也十分重要，并需要落实到城市发展建设中。

6.2.5 文化城市

人区别于其他动物的本质特征就是拥有文化性。而城市通常都是区域文化中心，城镇因为非农业产业的聚集而使文化性更加突出。城市发展离不开文化，而信息时代的城市比工业时代的城市更加体现了文化性，但各个城市的文化发展的水平有所差别。

文化城市就是拥有优秀和特色文化的城市，宜居城市的文化要求，一方面需要支撑城市居民发展的一般的基础文化需要，尤其是新一代教育的需要；另一方面是构成一个城市特色个性文化的发展。它告诉人们，我们城市和个体从哪里来，让我们不要忘记那些悲剧和创造今天美好的贡献者，启发我们追寻理想与美好，引导我们为城市未来的美好去创新、奋斗与战斗。

1. 一个宜人感人的城市珍视文化遗存保护

在我们的眼里，文化城市都是文化沉淀的结晶。自从法国 1840 年颁布《历史性建筑法案》以后，世界各国陆续通过了立法保护文物建筑等古迹文化；而 1964 年 5 月，联合国教科文组织在威尼斯通过的《国际古迹保护与修复宪章》（也称《威尼斯宪章》）为第一个国际保护文物建筑宪章，意义深远；1976 年 11 月联合国教科文组织提出《关于历史地区的保护及其当代作用的建议》（简称《内罗毕建议》），将历史地区"整体性"的保护提上日程；1987 年 10 月国际古迹遗址理事会通过《保护历史城镇与城区宪章》（也称《华盛顿宪章》），明确了历史地段以及更大范围的历史城镇、地区的保护原则，再次提到保护文物建筑与现代生活的关系。这些保护章程的产生和发展，切实推动了城市文化遗产的保护和城市文脉延续实践。有的国家甚至将所有有价值的现代建筑也列入保护范围。

在我国，1930 年 6 月国民政府颁布了《古物保护法》，1932 年设立"中央古物保护委员会"。1961 年 3 月 4 日，新中国国务院颁布了《文物保护暂行条例》，但"文革"期间文物古迹破坏严重。改革开放后，1980 年国务院批准并公布了《关于强化保护历史文物的通知》，1982 年 11 月 19 日全国人大常委会通过了《中华人民共和国文物保护法》，1983 年 2 月、1986 年 12 月、1994 年 1 月份三批公布了我国国家历史文化名城，共达 99 个，促进了我国城市文化遗产的保护和利用。[18][19]

我们都承认罗马是文化之都，也知道罗马不是一日建成的。那么它是怎么建成的呢？罗马有法律规定：15 年以上的建筑自然转为文化遗产，受到法律保护，不得随意拆改。而在我国西北地区众多的城市中，有一个年轻的小城市叫石河子，如果你去了就会被感动，因为它将解放之初所建的"第一栋楼"、打出的"第一口井"、所植的第一批树，都挂牌保护了起来，还有一座"艾青艺术馆"，所以，石河子可以称为"文化城市"。总之，一贯重视美好"文化"要素积累的城市，就会成为历史性文化城市。

2. 宜居城市注重现代文化发展

相对于历史文化的是城市现代文化，包括文化设施、文化产业、文化交流、文学艺术创新氛围，与教育、科技、文化娱乐紧密相连。城市现代文化是市民发展的基础和关键。

世界文化之都，指在一定空间范围内聚集了包括文化、艺术、教育、新闻出版、广播电视、文物、文学、社会科学等众多的社会事业和文化事业的城市，其中每一个行业都有可能发展成为一个大产业。

巴黎、巴塞罗那、纽约是典型的世界文化艺术之都，它们不仅拥有历史文化，更具有现代文化，仅博物馆、艺术馆就成百上千个。同时，文化城市也在于不断地创新发展。

巴塞罗那在对文化艺术的保护、积淀、发展的基础上，借助 1992 年奥运会的举办，改善了市容和基础设施，提高了城市的文化魅力。自那届奥运会以来，来巴塞罗那的游客每年达 3000 万人次，旅游收入颇高。

英国的格拉斯哥是一个由传统工业城市转向文化城市的典范。该市 20 世纪初以采矿业与造船业而闻名，20 世纪 70 年代成为欧洲失业率较高的衰退城市，而后，通过政府与私人机构合作，进行古迹维护、公共设施改善、住宅改良，逐步转为现代服务性城市，并于 1990 年成为欧洲主要的文化城市。

文化城市是一个充分发挥文化力量、组织能力强、功能齐全、能量巨大的文化机体。其文化中心的作用既体现在文化的辐射和推动作用，也体现在对文化的吸收和消纳作用，在于发挥文化的吸纳和辐射的互动功能。一个城市能否成为区域文化中心的关键，在于它是否具备主动吸收、聚合周边地区文化，进而融合、更新、创新文化的能力。

我们还认为，文化城市都具有传统的经典文化活动和能动的文化创意发展。

3. 城市实体的文化艺术性

正如伊利尔·沙里宁所说："让我看看你的城市，我就知道你的人民在追求什么。"甚至，我们也可以讲"让我听听你的城市，我就知道其文化特点是什么。"可见，城市的一切，无论外在的还是内在的，都具有文化性；城市文化由外在文化和内在文化构成。换言之，就是由可见文化和抽象文化构成。城市研究专家任致远先生更加强调实体性的、狭义的城市文化，将城市文化定义为：以城市为载体和表现形式的、展示人与人类理想追求及其各种实践活动的文化类型，它是人类文化的高级表达和集中体现。

城市实体文化，应该是城市历史文化与现代文化的交融，共同构成城市作为居民、来访的生活、传承文明、教育新人的高级环境，我们要积极保护和发展城市文化环境，满足人民的文化发展需求。[20]

6.2.6 网络城市

网络城市指现代城市在扩展过程中形成的职能组团在空间上多中心、复合式网络结构，信息技术服务于城市发展，以城市区域系统基础设施实体网络为基础。网络城市是开放的城市，包括实体网络和虚拟的空间网络，也包括发展信息的反馈和规划建设的督察评价。网络城市是信息文明时代形成的一种不同于以往任何时代的城市空间结构的重组，也是宜居城市建设追求目标之一。

从广义上讲，网络城市应该包括有形网络和无形网络两个方面。一方面是物质空间的基础设施即有形的网络框架；另一方面是虚拟空间，是信息高速公路等通信基础即隐形设施的网络框架。二者综合即形成了基于快速通道网（基础设施＋通信设施）的宜居城市大框架。在这个新的生存空间里，全面信息化网络将打破城市人的工作、教育、生活、购物、就医、娱乐等时空限制，并使其更高效化和多样化，促进文化的多元化和多样性，使社会进一步走向公开化和民主化。

在未来的城市中，信息网络会成为城市的基本骨架之一和人们衡量生活、工作、生产等是否便利的标准之一。人与人、人与自然将表现出一种新型的关系。宜居城市的信息网络应该是高度发达的，内部的交通通信网络、对外联系网络等等都是完善的，或者至少应该是朝着完善的方向不断发展的。我们可以说它是一个网络城市，它甚至可以称为智能城市。在这样城市中，人们可以从饮食起居、休闲娱乐到工作学习、购物交流等各方面，享受到信息网络和新技术带来的便利的、人性化的、智能的服务。

新城市主义创始人 Peter Calthorpe 强调，网络的观念十分重要，如开放空间网络、不同类型交通工具的网络，等等。网络也指场所的网络（Network of Places）。这里指的"场所"是一个地方，具有可识别性（Identity），有你记忆中难忘的东西。正是这些品质造就了"场所"。人们称那里是他们的城镇，他们的邻里，他们的村庄。这具有十分重要的社会意义。场所的创造是新城市主义的关键原理。我们需要把建筑师和规划师联合起来致力于创造场所，面对场所创新及其网络的挑战，面对场所的技术挑战。[21]

网络城市是现代城市发展系统观的反映和要求。网络化城市建立在"城乡一体化"观念上，借助现代化的基础设施系统尤其是快速交通和通信网络，使城市密集区域的空间联系更加有效,改变城镇体系在等级、职能与空间三大结构方面的传统概念和关系,以适应城市区域宜居性、生态性、高效化建设。信息技术使世界成为地球村,使城市区域不可分割,只有开放的、广域的发展规划与管理理念,才能适应城市发展新形势。

网络城市呼吁城市发展信息的反馈,建立健全城市发展监督和城市化动态监测评价系统。网络城市是实体城市发展与信息技术的有机结合,对城市规划设计与管理提出了新要求,也革新传统城市空间和系统概念,网络城市是一个探索的城市。

6.2.7 包容城市

1. 包容城市建设的内容

联合国人居中心将包容性的城市定义为"完全公民权"的实现,其核心有三个方面:尊重人权、良好的社会管理、公平发展。其包容性主要从以人为本的角度出发,指城市中的外来人口不论财富、性别、年龄、宗教和种族均可获得经济、物质条件的满足感,还能迅速融入当地文化,融入当地生活圈子,安居立业,获得深层次满足感。

近年来城市是开放的,但是城市并没有更好地接受为城市发展带来无限动力的"外来户"——农民工,反而城市内部也出现了新"城乡二元结构"现象;其次我国在城市化的快速发展中也同样要面临人口老龄化的问题,老年人的物质世界、精神世界并没有得到城市很好的重视;再次城市的包容性还取决于它能在多大程度上保障残疾人、低收入者等弱势群体的权利,给予他们社会关怀而不是歧视和偏见;还有不同民族、不同习俗的人们的融合都需要城市包容性文化氛围的培育。

2. 包容城市建设的措施

(1) 建设"开放包容"的城市精神文明

"开放包容"不仅仅局限在对外来人口的接纳上,它更应该成为一种城市精神。"开放包容"的城市精神,就是在传承传统文化的基础上吸纳优秀的西方文明、独具特色的区域文化,增强城市居民的荣誉感、认同感、归属感、使命感和责任感,最大限度地凝聚城市中所有人的智慧和力量,促进经济社会的全面发展。[22]

"开放包容"还应体现在城市所有居民共享城市发展成果,使整个城市充满爱心,增强城市的凝聚力和向心力,激发市民建设城市、发展城市的积极性、主动性和创造性,形成推动城市前进的巨大群体力量。

(2) 不同的社会群体平等发展

对残疾人、老年人、低收入者等现在社会的弱势群体,在生活中、工作中给予充分的平等的机会,他们同样能为社会贡献智慧和劳动,为社会创造价值。城市包容就是要为他们提供更多发展和就业的机会,让他们谋求自身的发展而不是一味地被接济。对于老年人,城市应该为他们创造更多的娱乐氛围,社区活动要更倾向于老年人,为他们组织丰富的文化生活,让他们的晚年也过得丰富多彩。

再者,从城市的人才取向来说,城市需要的不仅是高学历、高资历的人才,更需要技术和专业人才,因此只有对各种人才兼容并蓄、不拘一格,才能为城市发展带来生机与活力,促进社会经济发展。

（3）建立有力政策与保障支持

为中低收入者提供保障性住房；建立健全养老保障和服务体系，实现老有所养、老有所乐与老有所为的目标；完善残障人基础设施，提高助残基础服务；为城市新居民（无论来自农村、外市还是国外）提供咨询服务和必要的援助。总之，需要一系列的政策措施和经济财政手段，为包容性城市的理想打下坚实的软硬环境基础。

6.2.8 创新城市

创新城市以知识经济和知识社会为生存背景和发展空间，将学习、教育和创新作为最主要的特征，以社会化的终生学习和教育体系为基础，切实保障和满足城市市民终生学习需求，从而有效地促进城市不断创新和可持续发展。创新城市主要依靠科技、知识、人力、文化、体制等创新要素的驱动得以不断进步，它是一种全方位覆盖、全社会参与、全过程联动的城市整体创新。[23]

创新城市建设需要多种因素发挥整合效应，其中大学、政府研究机构和私人企业研究部门的研发能力、信息和通信的可获得性、城市的综合教育体系和各类文化设施是重要的硬件因素，同时还需要大力发展城市文化，营造城市文化环境，把创新作为城市文化的追求。[24]总体来说，创新城市的实现途径有以下几个方面：

1. 创新城市需倡导发展新观念

创新城市要求城市管理者树立知识经济的理念，认清科技发展的加速化、全球化、综合化等趋势，把科技研发作为经济增长的主要动力，不断提高高新技术产业在 GDP 中的比重，提高科技对经济增长的贡献率。

在城市发展中重视用制度创新引导企业等各类主体积极进行技术、管理等方面的创新，让每个人的思想、知识、能力和素质以及整个城市的风气、文化、精神和行为，都符合创新的要求，使各创新主体树立起创新意识，并能够结合市场，以自主创新作为支撑，形成品牌效应等等，是新时期城市发展观念，也是城市能够实现创新和快速发展的重要方面。[25]

2. 管理创新机制是创新城市重要保障

管理创新机制需要从以下三方面加强：

其一，加强管理机构学习能力。政府机构应该加强学习，重视机构内部培训及教育，完善政府管理职能，达到创新城市的要求。

其二，形成鼓励创新的管理政策与制度。管理制度和政策通常侧重于规范化管理，创新的管理机制应该在强调工作规范性的同时，工作目标不变的情况下，倡导和引导人们创新发展。形成尊重创新人才，重视创新成果，鼓励创新实践，依靠创新推进城市社会经济快速健康发展。

其三，加大创新投资。增加公共部门（如教育、知识、积极的福利、降低犯罪、公共健康、基础设施和新兴产业）的研发投入，从而实现公共服务的现代化，使其更符合消费者的需求，用新技术来提高服务效率。

3. 教育先行和建设学习型城市是创新城市的根本

创新城市的教育是一种社会教育，是一种多层次、全方位的教育体系，除了培养、培训创新型人才之外，还要倡导积极健康的生活方式、高尚的生活情趣，丰富人们的精神世界，增强人们的精神力量，形成一种包括终身教育、职业教育、城乡一体化教育在内的"大教育"体系。[26]

实现城市创新，教育是基础，必须加快教育领域的改革。主要包括改进教育资源学校的专有性和封闭性，实现教育资源的社会共享，建立学习信息提供网络，改变传统的教育评价制度，形成有助于人们可持续学习、创新和发展的学习制度等方面，从知识层面上支持创新城市。

学习型城市就是持续学习和终身学习的城市。创新城市要为学习型城市发展提供软硬环境条件和政策保证。市民要以终身学习为骄傲，养成持续学习的习惯，崇尚不断学习进步。

6.2.9 特色城市

城市个性，早已成为不可割舍的血脉，维系着城市的灵魂，一切城市行为活动都可以成为城市文化。

有些城市并不大，却很有魅力，令人向往而难以忘怀，这里发生作用的就是城市文化。也许仅是因为一座恰当的雕塑，也许是一条特色街区或者道路，也许是一片的园林或古建筑，也许仅仅是对一条河流自然风光的恰当保护和利用，也许因为一个名人的所在，也许是认识了一位人品很好的朋友，也可能是城市的清洁和秩序，一个好的节庆就更具有宣传效应了。总之，一个城市美好的一瞥，甚至特色的经济活动或一个名牌产品，都能够让人记住它，都会让我们觉得这个城市有它的文化、它的性格。

宜居城市的个性是地域文化的缩影，这种个性因包含有值得人类尊重和捍卫的普遍价值而成为人类共同享有的文化遗产。它不只被一个城市所有，而是属于全世界。宜居城市的文化特色满足了人类日益增长的个性心理需求，给生活中的人们带来领域感、归属感、认同感和自豪感。但是宜居城市的文化特色绝不是摒弃外来文化和拒绝外来事物的自我崇拜，它是一种兼容并蓄的文化情怀，外来人员在感受到城市浓郁的文化特色之外，更能够感觉到这种文化所拥有的博大胸怀。[27]

总之，虽然宜居城市倡导系统优化、有机的城市条件建设，但宜居城市更应是有活力的城市。

宜居城市也具有阶段性，基本宜居城市是达到基本宜居要求的城市，而高级阶段的宜居城市是具有更多创新和特色的城市。

作为基本宜居城市，首先，应该是安全城市、生态城市、便捷城市、职能城市、包容城市和文化城市，达到居民安居乐业的基本要求。基本宜居城市是一个有机的城市，在基本宜居条件上不可偏废。它是人人平等的、比较民主的城市。它不仅是健康人的城市，也是残疾人和弱势群体的城市；不仅是社会精英的城市，也是老龄者城市，更是青年的城市，是人人的城市。

作为高级阶段的城市，它不仅要达到宜居城市的基本要求，更应是创新城市、网络城市和特色城市。活力是宜居城市生命演进的核心。个性、创意、休闲、人文艺术、诗意的栖息地、多样化、政治开明、管理激人上进，是高级宜居城市倡导的方向。宜居城市建设的目标就是满足人的基本需要，激发人的创造力，让城市在良性的运动中更加美好！

参考文献

[1] Vanessa Timmer and Dr. Nola-Kate Seymoar, The Livable City——Vancouver Working Group Discussion Paper for The Word Urban forum 2006, Canada and the International Centre for Sustainable Cities. 2006.

[2] http：//en. wikipedia. org/wiki/New_ Urbanism.

[3] http：//www. newurbanism. org/newurbanism/principles. html.

[4] http：//www. smartgrowthamerica. org.

[5] http：//www. smartgrowth. org/about/default. asp.

[6] 马强．走向"精明增长"：从"小汽车城市"到"公共交通城市"［M］．北京：中国建筑工业出版社，2007.

[7] Urban village forum Urban Villages-an introduction The Institution of Civil Engineers. 1998

[8] http：//www. gehlarchitects. dk.

[9] Tokyo Plan'95: Aiming f a Resident-Friendly Metropolis. Tokyo Metropolitan Govt Foreign Residents Advisory Center, 1995.

[10] Garbriel Metcalf. The Path to A Livable City: Transportation for a Livable City. www. livablecity. org, 2002.

[11] （美）约翰·奥姆斯比·西蒙兹著/刘小明，赵彩君，孙晓春译．21世纪园林城市——创造宜居的城市环境［M］．沈阳：辽宁科学技术出版社，2005.

[12] 北京市人民政府．北京城市总体规划（2004－2020年）2005.

[13] 中国城市规划设计研究院，天津生态城总体规划纲要．2008.

[14] 简·雅各布斯．美国大城市的生与死［M］．北京：译林出版社，2005.

[15] 董宪军．生态城市论［M］．北京：中国社会科学出版社，2002.

[16] 徐琳瑜．面向生态城市的经济发展模式［J］．生态经济．2008（08）．

[17] 周杰，朱德明，袁克昌．生态城市研究［J］．污染防治技术，2003（1）．

[18] 单霁翔．从"功能城市"走向"文化城市"［M］．天津：天津大学出版社，2007.

[19] 王克强，马祖奇，石忆郡．城市规划原理［M］．上海：上海财经大学出版社，2008.

[20] 任志远．关于城市文化的拙见．城市．2009（3）．

[21] 叶齐茂．新城市主义对解决中国发展问题的启示［J］．国外城市规划，2004（2）．

[22] 叶自成．对外开放与中国的现代化［M］．北京：北京大学出版，1997.

[23] 沈向华，赵晨．创新：城市之魂［J］．东北之窗，2006（6）．

[24] 金彩红．创新城市：提升城市国际竞争力的必由之路［J］．社会观察，2003（2）．

[25] 毛荐其，俞国方．点－链－群：三层创新网络勾画创新城市［J］．中国软科学，2006（11）．

[26] 操龙灿，杨善林．产业共性技术创新体系建设的研究［J］．中国软科学，2005（11）．

[27] 董晓峰．城市形象理论与实践．兰州：兰州大学出版社，2002.

7

宜居城市规划研究主要理论与方法

近现代国际城市规划基础方法演变,同时也是城市规划学科追求越来越高的宜居性目标的一个过程,总体经历了以下几个阶段:第一阶段为以建筑设计方法为基础的城市规划阶段,注重物质形态的规划设计,总体属于艺术和美学学科范畴,同时也发展了一些满足安全性和实用性的技术;第二阶段为系统规划和理性规划阶段,认为城市规划无论从内容构成还是规划过程均是一个系统,它受系统论思想,尤其是生态系统观和地理系统观的影响而产生,也因为被计量地理科学方法武装了的地理学(包括区域系统理论)、环境学科、经济学等学科研究人员不断加入到城市规划队伍中,使城市规划发展成为一种理性的科学性学科;第三阶段为面对城市社会问题的凸显,并受马克思主义等学术的影响而突出政治性和呼唤平等的城市规划阶段,同时也产生了渐进规划、战略规划、实用主义规划等规划新学派;第四阶段为民主和沟通规划阶段,从参与式规划方法上升到全方位的沟通协商规划,倡导多元化的后现代主义规划思潮也成为主流,以社区发展为核心的城市社会规划蓬勃发展;当前,环境规划再次复兴,不仅环境美学重新得到重视和发展,面向低碳化和应对环境变化的生态城市规划已发展成为一种共识与迫切任务。自然,城市规划的方法论与基本原理的演进并不是一种方法代替另一种方法,而是一个融合发展和有所侧重的动态发展过程(董晓峰,英国留学访问报告,2009年)。

在我国,人居环境科学为宜居城市研究提供了重要的方法论。我们的宜居城市研究是90年代末以来,在追踪探讨人居环境科学兴起和发展的基础上进行的。吴良镛院士倡导以城市规划学、建筑学与景观学为核心,社会学、地理学和生态学等学科为相关学科,多学科交叉合作,发展人居环境科学,是开放性、吸收众长、凝聚力量的思想方法,为宜居城市研究提供了先进的方法论。

现代地理学作为研究人与环境关系的比较成熟的科学,具有"全球性、统一性、建设性和高新科技性"四大特点,为我们的研究提供了很好的思维方法。而聚落地理学是专门研究人类聚落与环境关系的学科,具有综合性,必将为宜居理论系统化发展作出新贡献。生态学、社会学和美学等学科也为宜居城市研究提供了理论方法的支持,没有它们,也不会有"宜居城市"。

本章以突出宜居性为原则,探索有益于宜居性建设的系统性规划研究方法。

7.1 生态城市规划

7.1.1 从城市生态规划向生态城市规划的跨越

城市的高速发展与膨胀给生态环境带来了大量的负面影响。在对生态环境的整治过程中,城市生态规划应运而生,并成为协调城市生态与社会、经济同步发展的重要途径。

城市生态规划是指将生态学原理与城市总体规划、环境规划相结合,为城市生态系统的生态开发和生态建设提供合理对策,从而达到正确处理人与自然、人与环境的关系专项规划。[1]

城市生态规划的研究开始于20世纪60年代，而生态城市的探索起始于20世纪80年代。如果说将城市生态规划作为城市专项规划的一部分视为一次跨越的话，那么提出生态城市理念则是又一次质的飞跃和提高。越来越多的生态城市建设足以表明人类追求理想住区不懈的决心。

20世纪八九十年代以来，为提升城市区域竞争力，保护和建设城市地区生态环境，学者们从学科角度分析城市生态空间组成与结构，尝试提出城市生态空间优化的可行途径，开始将城市生态功能网络引入城市区域研究中，通过对城市生态功能网络中景观单元在空间中的邻接性和相互依赖性的解析，构建城市生态网络，实现环境保护、城市生态系统优化、提高城市开放空间价值及提升景观整体等生态目标。[2]~[4]

其中国际生态城市会议的召开在生态城市的建设中起到了关键作用。第一届国际生态城市会议于1990年在美国加利福尼亚的伯克莱城召开，与会代表介绍了城市建设的理论与实践，对生态城市设计原理、方法、技术和政策进行了深入探讨。第二、三届提出了指导建设生态城市的可行性法案和具体行动计划。2002年第五届国际生态城市国际会议在我国深圳召开。生态城市国际会议推动了生态城市理论研究和规划实践的发展。目前全球许多城市都以生态城市为目标建设与规划现有城市。

我们认为生态城市是一种宜人的理想城市，是人与人、人与自然、人与社会和谐的新型城市，它不仅有利于人们当前生活质量的提高，也有利于宜居性可持续发展。随着时代的发展，生态理念更加深入人心，城市规划应该全面进入生态城市规划新阶段，使生态理念落实到城市规划各个层次和具体设计中。

7.1.2 生态城市规划系统

生态城市规划不是新增的规划类型，而是以生态城市原理和技术方法对传统的、基本的城市规划设计的改进、更新和完善。是对传统规划理念、原则和技术路线的提升，带有一定的颠覆性和革命性。

这样城市规划体系的各个类型、各个系统、各自的重点，在生态城市原则下，均会有一定的变革和更新。所以，生态城市规划也是一个较大的系统，目前还没有一个公认的生态城市规划体系。在大量的文献研究分析后，我们探索性地提出生态城市规划系统内容主要包括三个方面：生态城市基础规划、生态城市核心支撑规划与生态城市系统规划。

1. 生态城市基础规划

生态城市基础规划为生态城市规划的基础性内容，从各规划类型的功能出发，在此，我们强调以下六个方面。

（1）生态基础设施规划

生态基础设施规划在城市总体规划中属于领先地位，要先于城市建设用地规划和设计。生态基础设施是指对系统运行及栖居者的持久生存具有基础性支持功能的资源或服务，是维护生命土地的安全和健康的关键性空间格局，是城市和居民获得可持续的自然服务的基本保障。[5]广泛地包含了一切能提供城市居民持久生存需要的自然服务的城市园林绿地系统、林业及农业系统、自然保护地系统等。其中廊道、环城绿带是其主要结构，城市拥有大面积的绿色空间。[5][6]

（2）生态功能区规划

生态功能区规划是以生物多样性为基础，以有利于生态、经济、社会发展、居民生活为原则，综合考虑生态要素的现状、问题、发展趋势及生态适宜度，指导各项功能区的综合划分。[7][8]生态功能区规划强调空间功能的混合，摈弃了原有机械的划分方法，强调与城市土地利用相结合，使城市能够发挥自我调节修复功能，以实现土地的高效利用与居民工作、生活的舒适。多样性的城市功能空间将改变以往单一功能的巨大空间浪费，消除城乡割据的布局，实现真正的城乡融合，使城市从原有的平面布局向三维空间形态发展。

（3）环境承载力与人口规模预测

该部分内容主要包括：通过区域的发展现状和资源禀赋，确定城市的环境承载力；利用预测模型确定人口增长速率，提出对城市人口规模的控制规划；以此为基础展开的城市各项规划内容。

（4）生态城市土地利用规划

生态城市土地利用规划是进行生态城市规划的基础，根据城市生态系统结构特点及其功能，划分为不同类型的单元，研究其特点、结构、环境污染、环境负荷以及承载力等问题，为各生态区提供管理对策。生态城市追求的是一种土地的集约利用，使城市形态趋于紧凑布局远离拥挤，为人们提供一个充满活力的城市和健康的环境。

（5）生态经济规划

生态城市的经济是仿照生态体系中的生产、消费和"废物"处理过程的机制，实现"资源—产品—再资源化"的闭环节约经济，以实现资源的减量化、废物的资源化。[9]生态城市的经济规划强调"以可持续发展为目标、以循环经济理念为指导、以产业优先升级为动力、以高新技术产业为发展主体、以建设生态工业园区为行动"的发展模式。

（6）绿色交通系统规划

生态城市交通规划是以绿色出行为理念，减少通勤的距离，利用生态整体规划方法论的一种新的交通规划理念。实现功能、时空的结合，协调生态系统各组成部分，以能耗最低、居民最舒适为原则，实现系统最优化。提倡步行交通；提高公共交通和慢行交通的出行比例；将出行的外部公共空间环境作为规划内容之一，安全宜人为重点；创建低能耗、低污染，高效率、高品质的城市绿色交通发展模式。

2. 生态城市核心支撑规划

生态城市核心支撑规划为生态城市规划的关键性内容。我们强调以下几方面规划研究。

（1）水资源保护规划

以保护水资源为为目标，制定比较全面的水资源保护规划。对自然的水域的修复和保护规划。构建生态城市中的水系循环、污水生态修复体系，生态型河岸等。

（2）生物多样性保护与自然保护区建设规划

生态城市的特别之处在于它生物学方面的完美表现，它的表现近似于绿色城市。包括保留大面积多样性的自然生物区域，提高环境的承载力。为了保护生物的多样性，植物种植遵循绿色等级。对生态敏感区或生态资源丰富地带进行保护，为城市提供大片的自然栖息地等。

（3）绿色能源利用规划

目标是促进能源节约，提高能源利用效率，优化能源结构，减轻城市热岛效应，构建安全、高效、可持续的能源供应系统，发展可再生能源，开发清洁新能源，形成与常规能源相互衔接、相互补充的能源利用模式。节能贯穿城市的交通、建筑、产业、供电、供热、燃气工程规划等方面，使用可再生能源，发展能源梯级利用。

（4）环境污染综合防治规划

环境污染综合防治规划是生态城市规划中的重要组成部分，包括大气污染控制规划、水污染控制规划、声污染控制规划、固体废弃物污染控制规划以及环境污染破坏的恢复性规划等。[10] 应用最优化方法求出环境投资 – 效益的最佳分配，提出规划中总的污染综合防治方案。

3. 生态城市系统规划

本文所指生态城市系统规划是指除了基础规划和核心支撑之外的其他系统性规划，主要有：

（1）生态城市安全规划

保证城市的生态安全格局以及提出人防建设、消防、防洪、抗震等自然灾害防御和对城市社会生活安全威胁的灾难性天气、传染病、生命线系统灾害、城市地下空间灾害等的防御、处理和应急的规划方案。

（2）游憩系统规划

旨在为人们提供宽广的休闲游憩空间，生态城市中将生态理念贯穿城市的各个系统，游憩系统规划强调能尽可能满足居民生活休闲需要，深入到居民日常的生活中，实现自然、经济、社会的真正统一。规划内容包括对游憩活动的设计与时空安排，开发过程中的规划、法律、选址、管理以及其他诸多方面的问题，划定用地范围及空间布局，安排基础设施建设内容，提出开发措施，明确项目的运行、组织等。

（3）生态城市社会规划

生态城市要保证城市运转效率和营造高质量的城市社会环境，需要有一整套高效的管理体系，通过城市管理部门和职能部门的协调管理，实现城市规划的物质性与社会性的有机结合。保证城市系统健康、高效的运转，人们享受平等权利和义务。与城市社会规划内容十分相似。

（4）绿色给水排水系统规划

生态城市给水排水主要策略是将水系规划与水资源循环利用紧密结合、分区分质供水、污水的生态修复与利用、中水循环利用与梯级水循环利用等。除了使用先进污水工艺，污水、雨水、中水收集技术同时还借助先进的信息技术监控、管理、处理来提高系统的运转速度和效率。

（5）绿色建筑规划设计

生态节能建筑设计就是在建筑设计过程中，根据当地的自然生态环境，运用生态学、建筑技术科学的原理和方法，协调建筑和自然的关系，并通过生态的手段努力开发各种取之不尽的天然资源和非传统性能源来节约能源，从而达到缓解能源短缺，保护环境和生态平衡的目的。保护和尊重人文环境和优良的城市空间机理尺度。

7.1.3 面向新挑战的生态城市规划新探索

1. 低碳城市

针对能源危机和气候变暖，国际上兴起了对低碳经济与低碳城市的关注与研究。低碳城市规划理论与规划研究首先在日本、英国等发达国家展开，包括发展模式的经济性研究、生活方式规划研究、政策研究以及低碳社区、零碳住宅的研究建设等。[11][12]

对于它的概念，目前国际上并无统一认识。我们所理解的低碳城市是现有城市在应对当前能源危机、气候变暖情况下的适应性建设，也是促使现有城市向高效、健康、和谐的生态城市迈进的良好契机。低碳城市的目标是以发展低碳经济为基础，利用和提高创新的低碳技术，提倡低碳的生活方式，减少温室气体的排放量，创造一个高效、健康、节约、可持续发展的城市。

世界自然基金会（WWF）于2008年1月28日正式启动中国低碳城市发展项目，上海、保定入选首批试点城市。由于我国的特殊国情和城市类型的多样性，低碳城市在我国现在属于探索性、尝试性的实践。

2. 应对全球气候变化的生态城市对策

当前全球气候变化的主要问题是气候变暖与不稳定、极端天气现象易发等，对城市的安全性和舒适性等方面提出了挑战，引起了社会越来越多的关注，我们应该从以下三个方面作出努力，以应对温度升高为主的气候变化：

（1）深入研究气候变化对环境、居民生活、生产设施等方面的影响，寻找解决危险性、降低不安全性和提高宜人性的措施和途径，并制定城市规划设计响应的新规范，以引导应对气候变化的规划和建设实践。

（2）改变以往盲目追求利益或对既得利益的保守化思想，从城市的建筑基本结构着手应对气温变化的需求，制定长远的计划，提高应对气温升高的技术和能力，提高生活、交通和城市农业的质量。切实推进绿色建筑和社区的设计，水资源的高效利用与再利用，减少对能源的需求，在经济社会稳定进步的前提下制定严格的碳减排计划。

（3）科学理性地对待升温和不稳定的事实，大力推行低碳建筑、技术、社区、经济、社会策略，制定有效的规划以加强对脆弱地域的保护与基础服务设施的维修，更新规划和资源开发利用规划。

（4）制定一系列规划，加强区域管制、核心基础设施建设以及建筑物的综合更新，加强社会发展规划，实现社会公平，倡导低碳生活新方式，开发更多适宜性强的低碳技术，应用于生产生活各个层面。

7.2 城市社会规划

7.2.1 城市社会规划的发展

1. 城市社会规划的兴起

（1）霍华德田园城市社会的设想

其实，在霍华德（Ebenezer Howard）1902年正式出版的经典著作 Garden Cities of To-Morrow 中，第12部分就是"社会城市"（Social Cities），其中强调：

①享受田园的优越性和城市社会文化的福利，自始至终保护城市周围的乡村地带，建设的是环绕一个中心城市的城市群体，尽管规模较小，但是居住其中的人们都能够享受到其带来的好处，包括美丽的城镇、清新的乡村与相当充足的公共场所、教堂、学校、图书馆、展览厅、茶馆等公用设施。

②公共交通连接花园城及中心城市，实现花园城市群居民的便捷交往，人们都生活在健康互利的环境中。

③土地共有以保证可以实现如此共同的理想，土地不在私人手中，而在人民手中，不是按个人设想的利益，而是按全社区的真正利益来管理。

④通过实验和推广，建立良好的经营模式、利益分配方式与和谐社会关系，将各行业的人们以合作互助的方式融合到一起。[13]

而 Peter Hall 和 Colin Ward 合著的 Social Cities, the Legacy of Ebenezer Howard，认为 Ebenezer Howard 留下的是"社会城市遗产"。该著作在本质上，倡导回归市民化和可持续城市社区。[14]

（2）马克思主义及其对城市社会规划兴起的推动

马克思主义并没有一个完整的城市理论体系，但其对城市各个方面的阐释，特别是其时空观的哲学观念思想方法都对城市社会规划的兴起起到了积极的推动作用，早在1872～1873年恩格斯在论住宅问题中就提出城市发展对住宅问题的关注，以及对国家城市规划在解决此类问题时运用的方法上的批判。在马克思主义关于城市的论述中我们可以总结出城市必须具备三个方面的条件：聚集性、经济性和社会性。马克思主义的城市功能目标中，除了强调人们在城市中物质生活最大的改变以外，关注最多的就是城市对人的影响和改变，这充分体现出马克思主义人的全面发展的要求，符合社会主义现代化发展和进步的标准。马克思主义强调城市的功能是政府的管理职能，而城市功能的目标是为了人的发展，所以，城市的政府管理也应该是为"人"服务的。马克思主义对城乡关系的论述，使人们深刻认识到城乡融合的重要性。

2. 城市规划向社会参与模式的转变

从1964年美国发动越南战争以后，引发了10多年的社会不满和抗议行动，人们强烈反对种族隔离和歧视，误解贫民窟和城市更新政策，不满约翰逊总统"向贫困宣战"的反贫困政策实施的不力。在这样的背景下，出现了第一批重要的城市规划学术论著，尤其是 Paul Davidoff，一名由青年律师转行而来的规划师，于1965年发表了其经典性论文《规划中的倡导和多元主义》（Advocacy and Pluralism in Planning），提出规划应作为一个倡导过程，反映对社区未来发展政策关心的政府和其他人群的双方利益。由此促生了新的规划方式的发展，逐步被称为"社区发展"（community development）。

后来在妇女运动一系列平等推动下，1973 年 John Friedmann 出版了《再寻美国：交互式规划理论》（Retracing America: A Theory of Transactive Planning），提出交往模式的新规划方法；而 1998 年 Leonie Sandercockc 出版《使用不可见成为可见》（Making the Invisible Visible）一书，提出规划职业应该为美国社会中不断增多的美国土著、妇女、同性恋、非裔美国人等边缘群体创造空间。

John Friedmann 在美国城市社会规划发展总结中强调：20 世纪 60 年代以来，美国城市社会规划从强大的政府干预转向大幅度的地方社区、市民社会组织和支愿者部门的相关职能。1980 年初，在里根的实施"小政府"政策后，联邦政府逐步退出城市社会规划领域，同时催生了一批新的地方机构，如社区发展合作组织、社区邻里中心、住房与食品合作社以及数百个提供移民服务、青少年计划、邻里植树、老年和无家可归者服务、城市农场等单一职能的支援组织。John Friedmann 同时认为：仅靠一个私人资助的行动，将无法满足那些占城市人口 25%，仍处于基本生活水平线以下的最底层群体的真实需要；要获得明显的改观，仍然需要联邦政府推行积极的政策和承担，包括实行大规模资助和项目干预等手段。[15][16]

7.2.2 城市社会规划的内涵与作用

1. 什么是城市社会规划

在英国西部大学的 Clara H. Greedd 的书中，他对城市社会规划强调如下[17]：

①社会城镇规划可以广义地定义为，引介充分满足城镇居民多样化需要的政策的任何活动，其发展背景在于主流规划过于强调形体规划或者用地规划，强调城市规划的物质性与社会性层面结合的双重性有机结合。

②妇女和规划运动极大地刺激了物质和社会双层规划的发展，此类规划尝试去发展针对各种人群利益的政策，特别是老弱病残者的平等性。

③强调的内容：其一，城市规划是一个政治过程，涉及制度（主义）、阶级和权力等。其次，在实施的层面上，城市规划师往往被看作是城市的管理者和社会政策制定者。因为城市规划往往与资源分配密切相关。第三，规划的政治性在局部规划层面更加凸显，因为在这个层面社区政治和草根活动发展活跃。

我们很认同 lara H. Greedd 的观点，可以这样认为，城市社会规划意在融合社会性于城市规划之中，其更加强调规划要为人民服务，关注各类人群的诉求。并且管治在其中发挥强有力的作用。

2. 中国发展"城市社会规划"的特点与意义

①中国城市规划有较好的社会性基础。而西方的城市规划，被私有制阻挠和干扰，规划的地位和效率较低。从制度讲，中国作为社会主义国家，其城市规划的社会性突出，规划在社会性上有许多优越性。也不像西方私有制机制的个人意愿决定一切难以

统一，对城市规划进行具有巨大的负面影响。所以目前流行"城市规划在社会主义国家"，说明它能够在实现社会共同发展的理想过程中发挥巨大的、积极的作用。中国社会和城市公有制，集体性强，不同于私人资产为基础的资本主义国家的城市规划与建设关系，中国的城市规划具备更多反映市民、公民、社会的意愿与和谐社会发展的精神的基础和本质。

②但中国城市规划方式还是传统式为主，规划观念与方式需要转变和发展。我们的城市规划理念较长时间以来过于重视蓝图规划和理性规划，而实质上城市是弹性的、动态的，许多理性的科学的数学公式算法，仅是一种假设条件下的产物，目前强调发展城市社会规划就是要转变传统城市规划的观念，强调其弹性、地方性和为居民服务性。

③中国发展城市社会规划旨充分对居民需要的了解和差异的尊重。尊重更多需求，征集更好的意见和建议，满足市民更多，解决更多矛盾和问题，让城市更加宜居，城市社会更加和谐。

④重视社会问题的解决，保持城市规划的严肃性政治性，切实治理违法和腐败等现象。如周干峙院士很重视灾后重建规划中的社会问题，首先，十分强调灾后规划要认识和考虑灾后的社会复杂性和不稳定因素；第二，认为城市规划的社会背景等问题突出，有房地产商把持城市建设和规划方向的严重问题存在。

7.2.3 中国城市社会规划构建体系

中国城市社会规划建设的体系包括 5 个部分，城市社会与社区发展研究，社会关怀机构与社区咨询服务研究与建设，发展参与式规划，城市社会规划设计，城市社会发展监评。

1. 城市社会与社区发展研究

城市社会与社区发展研究应该作为整个城市社会规划体系的排头兵，从宏观政策入手逐步深入到社区发展，应包括：①城市发展政策研究；②城市社会结构和动力机制；③平等与福利研究；④城市问题研究其中包括城市贫困和住房问题；⑤就业与稳定等；⑥城市社会生活模式比较研究与改革：比如居住、聚餐等方式，城市生活方式变革运动即城市新生活运动/行动，流感等传染性疾病传播影响等。

2. 社会关怀机构与社区咨询服务研究与建设

社会机构功能的单一以及社会服务机构的缺乏使得当今社会矛盾毫无缓冲余地，社会关怀机构以及社区咨询服务究竟该走哪条路？就当今西方大量的实践来看似乎应该私有化的机构更多，但是对中国来讲，在社会发展激烈变化的阶段，或许应该走民营与政府集合的道路，这方面已经有很多实实在在的例子，社会关怀机构与社区咨询服务的研究是社会规划体系中的重要一环，是宏观与微观联系的链条，应先从案例分析入手，逐步完善推广。

3. 发展参与式规划

参与式规划已经不是什么新鲜名词，无论是在学术研究还是在实践中，都已提了很多年，但其实质无疑是要做到发挥大家的力量，还大家以话语权，让主人翁的感觉重回人们的心间，将其运用到规划领域，就是要强调规划要以人为本，以社会为本，珍视社会发展中个体的作用。重视调查、交流、沟通的每个过程，使得规划是为人民服务落到实处，切实解决实际问题。

4. 城市社会规划设计

①居民群体发展研究与特殊设施规划；②城市文化等社会发展与设施规划；③城市安全公共安全状态、教育、训练与设施规划：在传统防灾规划的基础上，加强社会公共安全研究、训练教育等研究和规划，避难场所规划与使用，防灾设施发展与使用引导等；④住房规划。

5. 城市社会发展监评

城市社会规划体系的最后一个重要节点，也是联系整个体系的线条，就是对城市社会的发展监评，主要应包括：①城市区域社会发展监测评价：作为年度定期评价，利用社会指标敏感测量各种变化，为目标城市地区及其辖区提供社会发展整体状态发展报告，尤其对移民及其家庭的社会融合、冲突解决、人口社会发展的动态观测和分析。②城市重大社会影响评价：对城市更新等大规模项目设计与执行对城市结构、动力机制可能产生的社会影响进行评价。

7.3 突出宜居性的城市设计

城市规划设计时应从宏观、中观、微观三个方面来考虑。其中，宏观方面主要包括城市的总体设计、旧城区保护与改造和城市新区设计，其具体内容主要包括城市的空间结构、功能分区等。中观方面主要包括居住区设计、城市中心设计、公共交通枢纽设计。微观方面主要包括街区设计、城市广场设计、建设项目的细部设计。

在宜居城市设计时，主要侧重于中观与微观方面的工作，包括以下几个方面：

7.3.1 城市整体景观与特色设计

1. 基本原理[18]

城市景观风貌是城市环境形象的重要内容，是一个城市不同于乡村和其他城市的直观符号系统。凯文·林奇认为城市景观形象可以分为五类：道路、边缘、区域、节点和标志。道路是一种具有统治性要素特征的渠道，观察者沿着它移动，其他环境构成要素沿着它布置并与它相联系；边缘是不作为道路或不视为道路的线性要素，一个区域与另一个区域以此为联系；区域主要指城市里中等或较大的部分；结点是一些要点，是观察者借此进入城市的战略点，或是日常往来的必经之地，多指交叉口或道路会集处；标志是城市的突出因素，是人们关注的焦点。这五种要素相互穿插，有规律地联系在一起。

突出城市景观特色的途径在于景观设计，景观形象的五个要素是城市整体设计构建的基石。道路设计是取得整体秩序的最有力手段，道路网要体现出层次性、节奏感和便捷性；边缘设计往往使区域界线更突出；建立标志的关键是地位突出，从而将特殊地物显现出来；结点要与道路相连接，本身要富于表现力。

2. 当前存在的问题

当前不少城市在景观和特色设计上存在的问题归纳如下：

①城市景观设计缺乏整体性，阶段设计之间没有考虑链接；

②不注重生态环境和可持续发展；

③不注重古城、古建筑等历史文化遗产的保护；

④城市景观发展不平衡，许多城市设计集中于城市一角未形成整体特色；

⑤景观设计缺失地方特色，一味追欧学美、千篇一律，趋同之中丧失了城市本身的特征；

⑥片面追求景观视觉效果，突出建造大广场、拓宽道路等，虽然在一定程度上改善了城市的环境，满足了人们的审美需求，但是忽视了城市形象景观背后蕴藏的社会、经济、文化内涵。

3. 设计应重视的方面

①城市设计要结合当地的自然环境特征，注重生态环境的保护与可持续，同时传承历史文脉，创造具有地方特色的城市景观形象；

②处理好国外、国内其他城市景观借鉴与本城市自身原创的关系；

③城市设计要有适合当地发展的独特理论支持，在符合自身经济、社会发展的基础上谋求城市设计的不断创新；

④城市设计要以人为本，突出人性化设计。

7.3.2 居住区设计

20世纪60年代，居住区设计主要是在衰退的城市社区中帮助低收入者改善居住条件，多少年来并没有长足的发展，但是近年来，我国房地产产业化带来了居住设计日新月异的局面，人们也更加注重居住区设计的内容与形式，其间不乏存在许多缺点与不足值得规划设计者更加深入的探索与改进。[19]

1. 当前存在的问题

①居住区用地选址与布局的弱化，缺少对居住与工作、购物场所相联系的布局考虑；

②机械照搬西方模式，风格单一化；

③社区的邻里关系疏远淡化；

④户型比例失调。现代设计以别墅型、豪华型为主，造成中低收入群体住房供应不足，同时对满足老弱病残、单身工作族等居住群体需求的特殊户型缺少考虑；

⑤居住区的基础设施配套不足，不能满足居住者休闲、娱乐、购物等需求；

⑥物业管理不到位，如房屋质量、小区安全、环境卫生等，使居住者缺乏归属感和安全感；

⑦对节能环保型的设计方式和建材的使用重视不足；

⑧住房政策不够完善，住房权利得不到保障等。

2. 设计应重视的方面

①城市总体规划的不同阶段都要对居住区设计、居住区环境、居住区住房等问题进行

研究分析；

②居住区设计要建立在对小区实际调查的基础上，如小区的人群特征、居住环境、区位特征等；

③设计要结合地形特点、周边交通系统等，整体空间设计要错落有致，既富有变化又不失整体性；

应赋予小区空间更强的个性，建筑高度尽量适合人的尺度，并赋予住宅明显的特征及统一的细部处理；

④注意居住区公共空间—半公共空间—半私密空间—私密空间的过度，保证居民的归属感和安全感；

⑤居住区景观设计要更多的就地取景，避免奢华和铺张浪费，以达到自然与人的和谐统一为目的，增加小区设计的色彩运用，增加环境的效果；

⑥小区空间设计突出个性化特征，突出地方的特色，增加文化内涵。

7.3.3 综合枢纽联系设计

城市综合交通枢纽是城市大量人流的交汇点，是城市中最具有活力和生命力的场所。[20]综合枢纽与城市道路系统一起发挥着重要的连接作用，保证人们能够顺利出行。然而我国城市综合枢纽建设还处于起步阶段，综合枢纽联系方面还存在一些问题。

1. 当前存在的问题

①没有统一的综合枢纽规划设计；

②交通站点分布不合理，可达性不足，有些站点距离居住区太远；

③城市综合枢纽之间缺少有效衔接，造成市民换乘不便；

④各种交通枢纽错综复杂，造成某一地区人群集中现象严重；

⑤缺少宜人性设计，未充分考虑不同人群的需求，忽视特殊人群对综合枢纽使用的要求。

2. 设计建设中应重视的方面

①编制科学的城市综合枢纽发展规划，严格按照规划进行设计建设；

②针对存在的问题，采用各种技术手段进行解决；

③对各综合枢纽进行调查研究，并在此基础上根据确定各枢纽的合理规模、等级和位置，保证其可达性，避免重复建设；

④突出宜人性设计，充分考虑特殊人群的需求；

⑤科学确定各综合枢纽的功能，加强不同枢纽间的有效联系。

7.3.4 宜人性城市开放空间设计

城市开放空间指为社会公众的各种生活、社会活动提供服务的，向所有市民开放的室外空间及环境，是城市空间的一个重要组成部分。它包括广场、公园、道路、亲水空间、城市绿地等。城市开放空间是城市居民进行公共交往活动的开放性场所，是人类与自然进行物质、能量和信息交流的重要场所，也是城市形象的重要表现。[21]

宜人性开放空间指人们在开放空间中通过进行各种活动，能够获得愉悦、舒适、轻松、安全的心理感受，也是生态的、可持续的开放空间，能够促进人与环境的协调发展。

1. 宜人性城市开放空间设计的原则

（1）整体性原则

开放空间内部要有系统性，按照开放空间要求和定位，对各要素等进行系统设计。同时，要积极与周围其他设施保持有效的联系，也要与城市系统有机衔接，使其成为城市充满活力的部分。

（2）连续性原则

开放空间的连续性不仅表现在物质方面，还表现在时间方面。应把各组成部分有机联系起来，形成点、线、面相结合的开放空间形态。同时，开放空间的设计还必须传承城市历史文脉。

（3）多样性原则

不同的活动时间、活动方式和活动人群的多样性决定了开放空间的多样性。开放空间必须能够满足现代人的不同需求，做到空间形态、功能的多样性以及使用的材料、表达的形式、设计的风格的多样性。[22]

（4）安全性原则

开放空间的材料防滑度、水体的洁净度和深度、亲水区的栏杆高度、踏步的高低、机动交通的流向、治安情况等都是开放空间设计过程中必须考虑的因素。

（5）生态性原则

城市开放空间要基于整个城市的生态环境，通过各种方法，将自然、绿色要素融入开放空间，塑造人工自然环境，不断改善和优化开放空间环境，创造宜人的空间和场所。

2. 我国城市开放空间存在的问题与设计中需要注意的方面

（1）我国城市开放空间存在的问题

随着我国城市化进程不断加快，城市的开放空间建设取得了一定的成绩。但是，由于规划设计、建设施工、管理维护等方面的原因，城市开放空间的宜人性并没有实现，还存在一些问题。

①历史文脉与城市特色的缺失；

②依然存在不安全因素；

③缺乏公众参与；

④可达性不足；

⑤设备数量与适应性不足。

（2）宜人性城市开放空间设计中需要注意的方面

①传承地方文化，塑造城市特色

城市开放空间的设计要充分考虑地域文脉特色，不能照搬国外成功的开放空间设计经验，必须要结合当地历史和城市特色，不断挖掘城市历史文化底蕴，尤其在开放空间配套设施、建筑小品、城市雕塑等的设计上要注意体现城市文化特色和历史传统，创造真正属于本区域的开放空间。

②创新管理方式，消除安全隐患

创新开放空间管理方式，实现市民对开放空间的自治。充分发挥民间精英和非政府组织在开放空间管理中的作用，让他们积极参与开放空间的管理，对开放空间所存在的问题，尤其是安全问题，主动向政府反映，争取尽早消除不安全因素，以保证市民在开放空间活动的安全性。

③广泛的公众参与

城市开放空间规划设计的整个过程必须有公众参与，让市民对规划方案进行选择、评判，同时，必须建立合理的组织机构和强有力的法律制度来保障城市开放空间设计过程中的公众参与顺利进行。[23]

④开拓开放空间，提高可达性

解决开放空间可达性不足的问题，主要是在保证开放空间均匀布局的基础上，提高开放空间的总量。A. 开发利用城市的地下空间；B. 将建筑周围的室外空间开放为公共活动空间；C. 利用建筑裙房和屋顶平台，开辟空中花园，作为公共活动空间。[24]

⑤健全配套设施

政府应积极筹措专项资金，用于开放空间的配套设施建设，尤其是市民活动联系最密切的给水排水、餐饮、休闲、卫生、交通、游乐等设施；建立健全开放空间配套设施管理责任制度；对市民进行有关保护公共设施的教育宣传活动。

7.4 宜居城市规划与管理服务信息技术方法

从"3S"向全面城市信息时代的跨越，主要是以信息网络为契机，对传统技术进行整合与提升。具体特征表现为技术系统不断完善和丰富，应用面愈来愈宽。适应信息时代和信息社会以及居民对生活便捷安全的要求，充分发挥信息技术的潜能，为宜居城市的规划设计、建设与管理服务，已成为一种必然的趋势。

7.4.1 规划设计管理专业信息系统

1. 信息数据获取

城市规划是一项复杂的系统工程，它需要城市的基础地形图数据、规划控制性数据和属性数据等。Internet 技术和 RS 技术等现代信息技术，能够实现空间数据采集和海量数据存储，为城市规划提供数据支撑。[25]

Internet 的发展开辟了数据采集和共享的新天地，利用 Internet 在 Web 上发布的空间数据（电子地图和城市基础信息等），便于实现对所需城市信息的检索、查询和采集，做到有的放矢。RS 作为高效能的信息采集手段，具有多时相、实时性、更新周期快、覆盖面积大等优点，特别是现代卫星遥感技术的发展，实现了高分辨率卫星影像的获取，是城市规划的重要技术手段。

2. 专业化高级处理

城市是一个典型的动态空间复杂系统，城市的发展变化受到自然、社会、经济、文化、政治、法律等多种因素的影响，因此，城市规划不仅需要基础数据，更需要各种模型数据。

基于现代信息技术的城市模拟正在不断的发展和完善，尤其是 GIS 模型发挥着主导作用。传统的 GIS 模拟一般是利用多期遥感影像结合 GIS 技术提取土地利用 \ 覆盖信息，进行城市用地类型的动态监测和模拟；依据地形图建设数字高程模型 DEM，进行高程分析、坡度分析、坡向分析、视域分析等来增加城市规划的准确性等。

而对于复杂的动态变化系统，传统的 GIS 模型已经无法完成，需要在计算机软、硬件的支持下，通过自下而上的虚拟模拟实验来实现，即地理模拟系统。地理模拟系统有助于进行不同尺度下的城市空间结构演化的模拟、预测和调控，为城市规划和管理提供了全新的调控手段，成为其重要的决策依据。[26][27]

3. 信息化渠道的参与式设计

为了应对日益复杂的城市问题，结合以往的城市建设经验，城市规划已经开始由专家审查转变为公众参与规划，参与原则的运用显得格外重要。WebGIS 的发展促进了城市规划参与式设计的进程。WebGIS 技术使各种空间数据通过 Internet 发布，并使 GIS 的数据分析功能在 Internet 上实现，市民在 Internet 不仅可以浏览各种城市规划专业网站，而且可以查询空间数据，并进行基于 GIS 的数据分析和处理，方便地了解规划和参与规划。WebGIS 技术为信息的高度社会化共享提供了可能，提高了城市规划的法律基础和群众基础。[28] 参与原则的运用，在一定程度上保护了公众的自主性，[29] 使城市规划管理变得更加透明和民主。

4. 网上管理与审批

网上审批是在行政审批制度改革指引下，充分应用信息资源和信息技术开展规范化行政审批和政务公开，是电子政务系统的重要组成部分，是转变政府职能，实现电子政务系统的重要措施。网上审批具有公开化、透明化、动态性、准确性的特点，可以达到信息集中、信息共享、信息交换三种功能。网上审批的实现，能够改变传统政务的各种弊端，规范审批行为，提高审批效率，改善政府形象，优化管理机制。它的实施，使资料即时化，从而实现管理服务的有效性，推动了政府职能由管理转向服务，坚持"以人为本"，是宜居城市规划的重要组成部分。[30][31]

7.4.2 城市民用信息服务系统

1. 出行网络信息服务

Internet 的兴起，改变了广大市民的日常生活，出行变得极其便捷。Internet 强大的信息提供能力，使市民不仅在出行之前可以获得天气情况，并且可以查询目的地的方位、行车路线和基本情况等信息，还可以进行订票、预定住宿等服务，即提高了效率，又能得到优惠，节省费用开支，有助于为出行做好准备。随着各地交通网络的建立，人们可以随时查询车次、航班、票价等，进行最优选择，特别是地铁网络发达的城市，因其线路经常有所调整，地铁标语明确提示人们在出行前一定要进行计划和查询，使个人和服务部门都节约了时间和精力，加快了社会进步。

2. 网上办公

网上办公是通过计算机、网络、通信等现代化工具，实现现代办公思想，达到办公室工作自动化、网络化、无纸化。[32] Internet 的发展开启了网上办公的大门，作为一种好的收集和共享信息的渠道，人们通过它可以随时随地的获取信息，传输信息，实现协同工作和业务处理。随着网上办公的发展，更多的人开始在家里办公（如 IT 工作者、研究人员和一些文职人员），使城市的网络化空间得以发展，形成分散型的城市格局，适应信息化社会的发展。网络服务于办公，有助于改善传统办公方式的缺点，提高工作效率，规范工作流程，形成高效的办公环境，是社会发展的一大趋势。

3. 网上商品展示与购物服务

随着生活网络时代的到来，上网的人数越来越多，Internet 逐步进入传统的流通领域。网上购物是一种具有交互功能的商业信息系统。[33] 网上的卖家提供公司简介、商品情况、报价等，买家通过网络搜索取得目标商品的信息，并通过交互功能进行信息传递，完成或取消贸易。通过网络，人们可以方便地去逛巴黎的时装店，参加米兰的时装展，并进行试穿体验。相对于实地挑选商品，网上购物方便、实惠，符合大众的购物心理，已经成为一种新型的服务行业。

4. 家庭信息化生活

在现代信息技术的发展趋势下，家庭生活逐步进入信息化时代。通过设定参数或电话遥控，人们可以方便的开启家用电器，做饭、进行清洁工作等。通过网络和医疗机构的联系，突发情况下的家庭疾病可以得到及时的指导和救护等等，都是家庭信息化的表现。如今，家庭信息化已经成为宜居城市的标准之一，网络、通信、自动化的建设已经成为宜居城市规划必须考虑的内容。

7.4.3 社区关怀与平等服务信息系统

社区关怀主要是针对不同人群的特殊服务，包括心理咨询、养老、医疗、救助等。西方城市已经进入了较好的水平，包括大学开展关于残障人士的教育、生活系统服务等。其中，助残信息化设备和信息化服务是重要的内容，包括发展助聋哑盲、行走不便者的信息设备，不断完善信息化系统管理与信息反馈服务。

1. 社区信息服务

"社会社区化，社区社会化"已成为今后中国社会发展的必然趋势，成熟社区的标志是拥有完善的社区服务网络体系。[34] 依托公用信息平台，使用最新的信息载体——国际互联网（Internet），形成了高效、畅通、安全、实用的信息通道[35]，使市民可以利用电话、网络、传真、邮件方式实现各种日常生活服务（包括社区物业服务、医疗服务，招聘求职服务、教育服务、养老服务等）。社区信息的集成和共享，优化和改善了社区服务，为市民提供了更多便利和实惠。

2. 信息助残服务

2008 年 5 月 17 日，国际电信联盟将"世界电信和信息社会日"的主题确定为"让信息通信技术惠及残疾人"。[36] 2008 年 12 月在第三届互联网治理论坛（IGF）会议的"服务于残疾人的无障碍互联网"主题论坛上,中国通信标准化协会和原信息产业部电信研究院派代表和中国互联网协会一起宣传了我国在网络信息无障碍建设方面做出的成绩,同时了解了国际社会对信息无障碍工作的看法、措施和经验。[37]这些进展表示我国的信息助残进入了新的阶段,通过信息助残服务实现信息无障碍是社会关注残疾人所作的努力。利用现代信息技术,建设残疾人使用设施系统是信息助残的重要方面,也必将惠及残疾人,使社会变得公平与和谐。

3. 更广的信息网络与可适用性技术的提高

现代社会中,因种种原因造成许多人不会使用目前的网络系统,需要我们开发更多的技术,提高网络的可进入性和适用性。特别是偏远地区的网络设备有限,这些地区的人们无法有效地使用网络这种先进的社会福利,必须加快网络的覆盖面,让网络将偏僻地区的人们从信息盲区与社会被遗忘的角落"解放"出来,从而达到社会稳定与进步。

7.4.4 城市安全监控信息系统

利用全面城市信息技术,实现城市灾害的预案制定、灾害发生过程的实时监测和评估、灾害应急措施辅助决策以及灾后重建规划制定,是国内外各大中城市解决安全问题的主要措施。

1. 自然灾害信息监控

自然灾害一般特点为类型多,空间分布广、时间跨度大。突发性灾害如地震在几秒钟内即可发生,干旱可延续几个月或几年,而水土流失沙漠化则可能延续几年至几个世纪。[38]现代空间信息技术的发展为新型灾害防御及灾后重建工作提供了科学手段,RS作为信息源,特别是2008年我国发射的"环境与灾害监测预报小卫星",此卫星与太阳同步,能够实现全国范围内的实时监测,成为自然灾害监控的重要信息源;GIS提供海量数据存储、数据处理、动态模拟;GPS准确定位,三种技术在空间数据处理过程中形成关联性和系统性,被广泛地应用于城市自然灾害监控中,下面分别对三种灾害(洪涝、消防、沙尘暴)监控中的信息技术运用进行分析。

"洪涝监控":气象卫星的高重复频率和雷达卫星的抗云雨干扰特点以及航空遥感的应急反应能力为城市洪水监控提供准确的位置和强度信息,[39]并运用模拟系统实现灾情评估与预测。

"消防监控":城市火灾具有突发性、随机性等特点,一般火灾发生时不被人注意,容易造成巨大损失。从遥感角度分析,MODIS、TM的热红外波段有助于准确探测火源点,易于结合GIS进行云烟走向、火势强度等动态分析,可为消防部门提供救火辅助决策信息。

"沙尘暴监控":根据沙尘和大粒子气溶胶的散射和辐射特性,MODIS数据具有较宽的光谱范围和空间覆盖度以及随时间变化的资料连续覆盖,适合对地球大气、海洋和陆地进行表面特性、云、辐射、气溶胶、辐射平衡等的综合信息分析研究,[40]能够进行沙尘暴信息提取及发生规律分析,实现沙尘暴灾害的监控。

2. 环境污染信息监控

环境污染信息如水体污染、大气污染、固体废弃物污染、噪声污染等具有很强的时效性，常规方法难以进行数据采集，环境保护和管理比较困难。RS和GIS技术自身的优越性使城市进行环境污染监控成为可能。

在遥感影像上，地物（水体、植被、建设用地等）因光谱特征不同呈现出不同的颜色。如在红外影像上，清晰水体是暗黑色，充满水藻生物的水呈红色，具有低溶解氧的水体影像呈乳白色；[41]正常的植物叶片呈鲜红色，受空气污染的叶子颜色较暗等等。依据影像上的颜色差异，提取环境污染信息，结合GIS分析功能，进行污染区域分析和发展态势模拟，可以实现环境污染监控，有助于环境治理。

3. 公共卫生信息监控

在公共卫生领域，每时每刻都产生着大量的数据，如何从重复、繁杂的常规统计分析工作中解脱出来，如何更有效地组织管理这些数据并进行深度利用（如进行数据挖掘、统计预测、决策支持等）成为两大难题。[42]计算机和通信信息技术的发展，给公共卫生监控带来了新动力，公共卫生监测系统也随之产生。公共卫生监测系统实现了数据共享和数据分析，给公共卫生专业人员和个人都带来了便利，使他们可以及时了解疾病发展态势，采取合理的应对措施，也为公共卫生体系的规划和完善提供了科学的辅助信息。

4. 社会治安信息监控

科学技术的发展，使社会安全防范手段向电子化、信息化方向发展。家庭防盗是社会治安的主要目的，随着新技术的发展，一种新的报警系统也随之产生。它以网络通信技术为手段，将公安局与用户的报警设备连接起来，[43]形成有效的联网报警系统，并使公安监控中心通过计算机发出指令去了解和追踪被监控对象的安全状况和工作状况，从而克服单向通信无法实时监控的缺陷。同时，网络和通信技术的可达性好、容量大，易于实现反恐和社会治安的区域联防。

5. 信息预警系统

城市安全预警系统依赖现代信息技术，实现信息的快速采集和传递，在城市安全领域发挥着越来越重要的作用。城市安全预警系统对社会治安现状和未来进行测度，对各种灾害进行评估，预报不正常状态的时空范围和危害程度，对已有的问题提出解决措施，对即将出现的问题提供防范措施，评估社会安全的综合状况，预警发展趋势，以便在形势恶化之前发出警示，可以实现安全规划和应急管理为一体，更好地服务社会。

宜居信息城市规划的内容正在探索之中，信息化网络城市未必都是宜居的，但我们的规划必须适应信息化发展，为人们提供宜居和便捷，不断消除信息的反面效应，为城市提供积极的服务，让人们享受更多的信息福利，从而使城市更加宜居。[44]

参考文献

[1] 郑卫民等. 城市生态规划导论 [M]. 长沙：湖南科学技术出版社，2005.

[2] Cook EA, Lier HN. Amsterdam：Elsevier Science. Landscape Planning and Ecological Network. 1994.

[3] Cook EA. Landscape structure indices for assessing urban ecological net-works [J]. Landscape and Urban Planning. 2002.

［4］Jongrnan RHG, Kulvik M, Kristiansen I. European ecological networks and greenways［J］. Landscape and Urban Planning. 2004.

［5］俞孔坚，李迪华，刘海龙．"反规划"途径［M］．北京：中国建筑工业出版社，2005．

［6］龚兆先，周永章．环城绿带对城乡边缘带景观的促进机制［J］．城市问题．2005（4）．

［7］（美）理查德·瑞杰斯特著．生态城市伯克利：为一个健康的未来建设城市［M］．沈清基，沈贻译．北京：中国建筑工业出版社，2005．

［8］黄光宇，陈勇．生态城市理论与规划设计方法［M］．北京：科学出版社，2002．

［9］徐琳瑜．面向生态城市的经济发展模式［J］．生态经济．2008（8）．

［10］吴人坚主编．生态城市建设的原理和途径——兼析上海市的现状和发展［M］．上海：复旦大学出版社，2000．

［11］顾朝林等．气候变化、碳排放与低碳城市规划的研究进展［J］．城市规划学刊．2009（3）．

［12］刘志林，戴亦欣，董长贵，齐晖．低碳城市理念与国际经验［J］．城市发展研究．2009（6）．

［13］Ebenezer Howard. Garden Cities of Tomorrow［M］. The Massachusetts Institute of Technology, 1965.

［14］Peter Hall, Colin Ward. Social Cities［M］. John Wiley&Sons. Ltd, 1998.

［15］John Friedmann. Retracing America：A Theory of Transactive Planning［M］. 1973.

［16］Leonie Sandercockc. Making the Invisible Visible［M］. 1998.

［17］Clara H. Greed. Social town planning［M］. Routledge, 1999.

［18］董晓峰，任震英，韩骥．城市景观持续规划设计与实践［J］．城市规划汇刊，2001（6）．

［19］许松辉．城市设计在居住区详细规划中的应用［J］．规划师，2003（11）．

［20］杜丽娟．城市综合交通枢纽设计研究［D］．长安大学硕士论文，2008．

［21］杨亚洲，徐婷．浅析城市公共空间设计的宜人性［J］．沈阳建筑大学学报（社会科学版），2008（2）．

［22］夏露．城市公共开放空间中水景的亲水性设计研究［D］．西安建筑科技大学硕士论文，2007．

［23］赵秀敏，葛坚．城市公共空间规划与设计中的公众参与问题［J］．城市规划，2004（1）．

［24］傅佩霞．关于城市开放空间保护与再生的思考［J］．引进与咨询，2004（1）．

［25］赵巧红，张敬东，何瑞珍．GIS与RS在城市规划中的应用研究［J］．安徽农学通报，2007（6）．

［26］黎夏，叶嘉安，刘小平，杨青生．地理模拟系统：元胞自动机和多智能体［M］．北京：科学出版社，2007．

［27］黎夏，叶嘉安，刘小平．地理模拟系统在城市规划中的应用［J］．城市规划，2006（6）．

［28］尹纾．城市社区网络结构新概念及其规划方法初探［J］．新建筑，1998（1）．

［29］施友连．网上审批建设方案和审批验证机制研究［J］．福建电脑，2006（3）．

［30］陈金国．网上审批的前世今生［J］．互联网周刊，2003（41）．

[31] 朱丽，王坚．网上办公自动化的研究与实践［J］．人民长江，2003（1）．

[32] 李顺云，郭劲夫，杨月辉．网上购物系统的建设［J］．商场现代化，2008（537）．

[33] 张旭虹．大中城市社区服务网络建设的思考［J］．郑州轻工业学院学报，2003，4（3）．

[34] 王丽华．数千万元背景社区服务信息网络初具规模［J］．中国计算机用户，2002（42）．

[35] http：//news.ccidnet.com/art/1032/20080516/1450509_ 1.html．赵厚麟：信息通信助残疾人更好融入现代社会．

[36] 吴英桦．有关信息助残服务的几点建议［J］．通信技术政策研究，2009（3）．

[37] 何欣年．航空遥感系统及其在自然灾害监测中的应用［J］．环境遥感，1990（3）．

[38] 李京，宫阿都．空间信息技术在城市安全防灾中的应用［J］．建设科技，2005（8）．

[39] 张树誉．EOS/MODIS 资料在陕西自然灾害监测中的应用［J］．陕西气象，2003（5）．

[40] 白木．探测地球的"千里眼"——卫星遥感影像技术的应用［J］．城市与减灾，2003（1）．

[41] 李洪兴，王展社，王骏，张荣，陶勇．基于SAS系统的数据在线分析及其在公共卫生监测中的应用［J］．中国卫生统计，2009（4）．

[42] 王川．数字化技术在城市安全防范中的作用［J］．理论观察，2004（4）．

[43] 朱永兴．城市安全防范信息系统概述［J］．现代电子，1997（3）．

[44] 李冀，丁宇，许楚江．公安预警系统［J］．中国刑事警察，2007（1）．

附件 I

城市宜居性评价专家咨询表

城市宜居性评价 AHP 专家咨询表

尊敬的_____：
本表征求您对影响城市宜居性的各个因素的重要性意见。
感谢您在百忙之中提供宝贵意见！

一、评分说明

请针对判断矩阵左上角的准则，两两比较其下列和右侧的各元素哪个重要，重要多少。对重要性程度用 1~9 即 {1，2，3，4……8，9} 或者 1/9~1 即 {1/2，1/3，1/4，1/5……1/8，1/9} 赋值后填入判断矩阵中（仅填写上三角即可）。

重要性稍强赋值 3，重要性强赋值 5，重要性明显的强赋值 7，重要性绝对的强赋值 9，重要性在上述两相邻等级之间赋值 2，4，6，8；若重要性相反，则赋上述值得倒数 1/2，1/3，1/4，1/5……1/8，1/9。

举例：

X	准则 X 某某评价指标			
	$C1$	$C2$	$C3$	$C4$
$C1$	1	3	4	5
$C2$		1	1/2	1/3
$C3$			1	3
$C4$				1

二、专家评分

请根据上面的评分说明，及您的感受填写下列表格（只需要填写空白处即可）：

A	准则 A 城市宜居性评价指标				
	安全水平 $B1$	舒适水平 $B2$	幸福水平 $B3$	便捷水平 $B4$	发展水平 $B5$
安全水平 $B1$	1				
舒适水平 $B2$		1			
幸福水平 $B3$			1		
便捷水平 $B4$				1	
发展水平 $B5$					1

$B1$	准则 $B1$ 安全水平评价指标		
	社会治安	灾害防御	交通安全
社会治安	1		
灾害防御		1	
交通安全			1

B2	准则 B2 舒适水平评价指标	
	环境条件	保健休闲
环境条件	1	
保健休闲		1

	环境条件		
	污染治理	景观绿化	气候条件
污染治理	1		
景观绿化		1	
气候条件			1

	保健休闲	
	游憩设施	医疗条件
游憩设施	1	
医疗条件		1

B3	准则 B3 幸福水平评价指标			
	收入水平	居住条件	福利条件	商业服务
收入水平	1			
居住条件		1		
福利条件			1	
商业服务				1

B4	准则 B4 便捷水平评价指标			
	公共交通	供水状况	能源状况	邮电通信
公共交通	1			
供水状况		1		
能源状况			1	
邮电通信				1

B5	准则 B5 发展水平评价指标	
	科教文管	经济发展
科教文管	1	
经济发展		1

经济发展	经济发展	
	经济结构	经济规模
经济结构	1	
经济规模		1

科教文管	科教文管			
	教育条件	科技水平	文化条件	规划管理
教育条件	1			
科技水平		1		
文化条件			1	
规划管理				1

附件 II

杨保军答记者王军问

汽车与城市规划

1. 汽车改变了城市

问：在你看来，汽车是怎样改变了城市？

答：早期的城市，没有汽车，只有马车和行人，街道是社会交流的场所，步行的空间是存在的。人是城市的主人、空间的主宰，所以应遵循人的尺度。包括街道两侧建筑的外立面，都要满足人的需要，做得细致、精美，这是因为步行的速度慢，人们能够欣赏街道两侧。老城市街道的宽度是宜人的，那时生活在城市里有很多乐趣。

工业化开始之后，城市的物质空间被改变了。工业化要求速度、效率，追求简单、大规模和批量化，人们对情感的追求降低了。当把赚钱当作唯一目的的时候，必然出现异化。反映到城市里，就是新的经济活动与老城市之间的矛盾，于是人们开始大刀阔斧地改造老城。

工业化初期，老城市遭到了外科手术式的破坏。等汽车出现了，人们认为汽车是先进的，因为它把人的能力大大提升了，人们认为这是往好的方向改变。那个时候，能源、污染等问题还没有暴露，于是拼命发展汽车工业，这立即与城市老的系统发生了矛盾。

老的街道，不宽不直，但很有情趣，可现在要把它弄直；原来的十字路口很好玩，是人们接触的地方，可是汽车最怕十字路口。于是，人们认为必须改变老的城市，否则就不能以汽车为交通工具了。他们认为问题就出在老城市上面，认为汽车是好东西，以汽车为中心的城市也就是好东西。人们开始畅想：城市应该更自由，更灵活。于是强调点与点的联系，这个地方是工业区、商业区，那个地方是休闲区、居住区，它们之间以汽车来联系，城市的生活就简单化了。原来的商业活动遍地都是，就在你身边，可现在，它们被摆到不同的地方集中供应，这样的城市走路的人是受不了的。

人们认为对城市搞这样的功能分区还不够。原来的路网是均质的格状，它适应了当时均匀分布的产业；可由于城市的各项功能被集中到了不同的地段，各个地方的交通量就不均衡了，于是交通专家提出，这样的均质分配的路网是一种浪费，应该把道路分等定级，于是出现了快速路、主干路、次干路、支路等道路分级。这样的做法被认为是一场革命，因为它适应了交通的需求，这是站在汽车的角度来思考的结果。于是认为原来的城市不好，因为它是网络状的。

2. 迎合汽车的需要

问：那么，今天怎样看待这样的问题呢？

答：20世纪70年代后，人们发现道路一旦分级，就把城市生活改变了。分级的道路是树枝状的，可城市不是树，它是网。在树枝状的结构里，树梢与树根是无法直接联系的，可城市不是这样的。在道路分级的理论里，不同等级的道路不能越级相交，这意味着人们的活动必须按道路的等级来进行，这就把城市的多样性扼杀了。

问：我们看到，有的城市正在改变这样的状况，有的城市还在继续。

答：在美国，雅各布斯批判了只考虑汽车的城市，新城市主义正继续着这样的努力。

新城市主义说穿了，就是用老都市的模式来解决现代主义的问题，希望从传统城市的社区、邻里、尺度等方面来实现回归，认为这才是更本质的东西。新城市主义在美国并不完全受到拥护，但它开始被采纳了。这一方面因为能源问题，另一方面因为环境问题。当经济发展到一定阶段时，他们开始关注人了。

而恰恰是在发展中国家，还在继续那种迎合汽车需要的模式。在这个阶段，经济增长被当作最重要的目标，人们欣赏等级式的道路。那种英雄主义的道路，要把它做得激动人心。而平易的均等化的路网，就不被接受。所以，道路的宽度一画就是100m，为的就是气派，哪怕它不是城市需要的东西。从文化的角度、传统的角度来看，就是这样。你跟决策者对话，大家根本不在一个平台上。

分等级的道路被认为是一场革命，另一场革命则是以小学为中心来安排的邻里单位。这套东西被前苏联吸取，成为小区理论，又传到我国。于是居住区也分等，一个居住区里面是3~5个小区，一个小区15~20km^2。这是什么概念呢？小区内部的道路通而不畅，顺而不直，不希望外边的人走进来；小区内部又是3~4个组团。这样，一个大板块形成了，它对外部环境是封闭的。

问：为什么到了市场经济条件下，还在建这样的小区呢？

答：开发商与规划部门是相互影响的，一是开发商不敢以全新的方式来做，人们也习惯了，认为搞一个小区先要用围墙把它围起来才踏实；二是规划的规范就是这样定的。什么事物都有惯性，大家用熟了，就不愿改变了。

我们的规划部门发现，把郊区大面积围起来，问题还不大。可城市及其边缘地带的楼盘就不能太大，应以街坊模式来安排。在上海，我看到一位外国规划师设计的大楼盘以街坊的方式来做，这样就有了城市的氛围，而不像小区那样。政府批准了这个方案，它确实不错。

3. 回归到城市规划的本质

问：还是回到汽车与城市这个话题，很多城市都崇拜立交桥，你有何评价？

答：它是以车为本，人是不会喜欢的。城市的主角是车子，于是去建立交桥；车堵到下一个路口，然后再建立交桥，就像抽鸦片似的。

香港也有很多车，但控制使用，通过公共交通吸引人，上下班不开车。提高公交服务水平，限制小汽车的使用，这是我们迟早要做的。

我去伦敦，印象很深，就是让居民选择出行。开车进城要收费，这减少了1/3的小汽车出行。他们认为这还不够，因为人的出行是有惯性的，像在哪里见朋友，到哪里吃饭，去哪家银行，这些成了习惯就难以改变。在伦敦开车30分钟可到达的地方，大家就认为是方便的。这怎么办？于是展开入户调查，问你平时都爱去哪里，并告诉你在你所在的区步行5分钟就有你喜欢的地方。这就改变了人们的出行方式，步行的比例就提高了。另外，动员社会知名人士步行或使用自行车、公交，因为他们的影响力大。在学校告诉孩子们，全球气候变暖意味着什么，为什么要减少排放量。动员学生不让家长开车送他们上学，并展开评比。让大学生去说服教授，说能不能不开小汽车而去乘公交车。教授说他要带的资料多，所以得开车，学生说我们帮你带，教授就不好意思了，就不开车来了。仅几年的时间，伦敦的出行情况就有了明显的变化。他们的汽车保有量在增长，但汽车的出行量却没有增长。我想，我们迟早也会这样做的。

问：再回到城市规划这个问题，你都有哪些建议？

答：就是要重新回到城市规划的本质。城市规划是为了创造美好的生活，在这个前提下才会有正确的技术。不同的时代，赋予规划不同的任务，但无论如何，规划不是简单的发展经济。资本是敏感的、强势的，它会忽略公平，但规划师要讲公平，讲长效。如果不考虑整体的、长远的事情，城市就会被糟蹋了。如果历史悠久的城市毁于一旦，那我们怎样向后人交代？

规划法规可约束地方变更规划的行为，但公共参与更为重要。城市是大家的，不能只由政治精英、技术精英或者是开发商来决定城市，不能听不到市民的声音。应有法定程序来规范公共参与，只有市民拥有了相当的选择权和决定权，城市才可能搞好，因为只有他们才最热爱自己的城市。政治精英、技术精英、开发商可能一下子就走掉了，他们去论证的并不是他们生活的城市，而市民在那里长期生活，不会离开。

致 谢

本书是国家自然科学基金项目《中国城市宜居性理论与实践研究》的阶段性成果,没有国家自然科学基金委员会的支持,就不会有本书良好的研究平台。首先感谢国家自然科学基金委员会的支持。

陆大道院士对我国当前城市化发展态势与问题的重视,激励我们深入开展我国科学的城镇化发展道路的研究;董锁成研究员作为联合国人居署顾问委员会委员,不断从国际人居环境会议带回前沿信息,极大地推进了我们的研究工作。衷心感谢陆大道院士与董锁成研究员对本研究的悉心指导!

中国科学院、中国工程院两院院士吴良镛教授和周干峙教授大力倡导城市规划、建筑学与地景学等多学科的融合贯通,共同发展,构筑人居环境科学,以解决人居环境的科学发展与规划设计面临的综合问题的挑战,为国际人居事业发展作出了贡献。吴院士从20世纪后期开始分别向我们赠送了其重要著作《发达地区城市化进程中建筑环境的保护与发展》、《世纪之交的凝思:建筑学的未来》、《人居环境科学导论》和《京津冀地区城乡空间发展规划研究》等,引导我们开展人居环境科学理论方法与实践探索,使我们逐步找到"宜居城市"——国际城市规划的主流方向,并以其作为我们学术团队新时期的研究重点。对吴院士和周院士的引导表示衷心感谢!

李吉均院士是一位在地理学领域作出巨大贡献、在区域城市学科领域有很高造诣的科学家,他强调现代地理科学具有"全球性、统一性、高科技性、建设性"的基本特征,为我们从事人居环境科学和宜居城市研究提供了不凡的方法论。李院士同时强调西部城市人居环境建设的重要性,支持我们进行开拓性研究。衷心感谢李院士一贯的支持与指导!

中国科学院地理科学与资源研究所樊杰研究员、金凤君研究员、张文忠研究员、高晓路研究员,中国城市规划设计研究院总规划师王凯教授、副总规划师沈迟教授,北京大学城市地理与规划专家董黎明教授、周一星教授,清华大学建筑学院毛其智教授、顾朝林教授,中国科学院南京湖泊与地理研究所姚世谋研究员,华东师范大学宁越敏教授,国家发展和改革委员会宏观经济研究院科技部副部长史育龙研究员等专家,对研究给予了支持,我们表示诚挚的感谢!

在本书编辑过程中,中国建筑工业出版社黄居正主编、黄翊编辑鼎力相助,正是黄主编这样的伯乐给予了本书发光的机会,十分感激!

潘竞虎副教授、张兵博士、张伟博士、李宇博士、范泽梦博士、对本研究给予了大力支持。兰州大学硕士研究生刘星光、侯典安、李小英、王莉、游志远、郭成利、常益飞、庞国锦、马如兰、李波、孟杰、尹亚、于琳荣等帮助完成问卷调查、文献检索、资料整理等工作;中央民族大学04级硕士研究生范春艳、羌洲、吴燕云、彭燕妮、黄杰彦、张蕙、朱奕霖、王妍、陈波平、金婷、彭向华、薛晓晖、韩振东、崔亚宁、王曼、钟新峰、梁霞红、白文宁、于洋、乔波等同学参加调查研究，一并表示感谢！

期望本书的出版可以为我国城市规划的发展提供新的思路和启迪。限于个人能力，研究中纰漏在所难免，敬请有关专家学者和广大读者提出宝贵意见！

著　者